未来互联网基础理论与前沿技术丛书

仿生学基本理论与信息中心网络路由应用实践

王兴伟　吕建辉　李福亮　著

科 学 出 版 社

北　京

内 容 简 介

本书围绕近年来新兴的未来互联网范式中信息中心网络路由层面的研究热点和难点，以基于蚁群的仿生学方法为驱动，重点研究如何突破当前信息中心网络路由的瓶颈技术。本书首先介绍一些仿生学方法及其原理；其次综述信息中心网络相关的关键技术和路由相关的研究基础；再次针对信息中心网络具体的路由挑战，提出四个不同的路由机制，并给予验证；最后对全书进行总结并展望。

本书可供计算机网络、人工智能等专业研究人员、高校教师、研究生及高年级本科生参考，也可作为相关领域工程技术人员的参考书。

图书在版编目(CIP)数据

仿生学基本理论与信息中心网络路由应用实践 / 王兴伟，吕建辉，李福亮著. —北京：科学出版社，2021.3

(未来互联网基础理论与前沿技术丛书)

ISBN 978-7-03-067376-3

Ⅰ. ①仿… Ⅱ. ①王… ②吕… ③李… Ⅲ. ①仿生-理论 ②计算机网络-路由选择 Ⅳ. ①Q811 ②TP393.4 ③TN915.05

中国版本图书馆CIP数据核字(2020)第254781号

责任编辑：张海娜 赵微微 / 责任校对：王萌萌
责任印制：吴兆东 / 封面设计：无极书装

科学出版社 出版
北京东黄城根北街 16 号
邮政编码：100717
http://www.sciencep.com
北京凌奇印刷有限责任公司 印刷
科学出版社发行 各地新华书店经销

*

2021 年 3 月第 一 版 开本：B5(720 × 1000)
2022 年 1 月第二次印刷 印张：10 1/4
字数：204 000

定价：85.00 元

(如有印装质量问题，我社负责调换)

前　言

互联网业务与日俱增，逐步呈现出多元化，并且伴随着用户的高标准及高要求，尤其是用户对信息的本身属性更感兴趣而忽略了信息的物理位置，这就导致以主机为中心的互联网很难满足新兴的网络应用模式。此外，与传统的应用相比，新涌现的应用将产生更多的流量，这使互联网在很大程度上难以满足对内容分发的迫切需求。为此，两股革新的浪潮孕育而生，以改善甚至克服互联网体系结构存在的不足。一种是渐进式的，它们的操作一般运行在互联网之上，无法利用下层网络提供的知识信息去实现网络性能的最优化。另一种是革命式的，将彻底改变以主机为中心的通信模式，更多的企业和学者倾向这种方案，主要表现在对未来互联网的研究。

信息中心网络(information-centric networking，ICN)是目前较为流行的未来互联网范式之一，尤其是近年来关于ICN的专门国际会议在不同的国家和地区召开，意味着ICN作为一种极具前瞻性的网络体系结构已经受到了业界的广泛认可。与传统的互联网相比，它直接接入命名的内容而非内容的地址，具有网内缓存、兴趣驱动及天然多播等优点。近年来对它的研究，通常包括内容命名、网内缓存、路由决策和实验方案等四种主要的方向。ICN的主要目的是获取内容，即兴趣请求者发出兴趣请求，由相关的内容提供者提供内容，这个过程必然需要路由的参与，因此对ICN路由技术的研究甚为关键。

ICN路由正面临严峻的挑战，如转发信息表的急剧扩张、最近内容副本的获取、内容的均匀分布、内容提供者移动性的支持及大规模网络的应用等。无论是哪一种形式的挑战，路由只关注两个方面：一是有效的兴趣转发而非一味的洪泛，二是确保网络的可扩展性而非仅仅内容的可用性。面对以上几种典型的挑战，基于仿生学的方案能够利用生物的自演化、自组织、自适应、相互协作及生存能力等特征予以解决。特别地，基于蚁群的方案能够完美地结合到ICN中，从网络的关注点、命名方式、驱动方式、移动性支持及多源副本等五个方面给出可行性的分析。

本书围绕基于蚁群的ICN路由机制的热点和难点，基于作者在ICN、仿生学等方面课题的研究成果，并结合国内外相关领域的研究成果展开详细的阐述和分析，全书共8章。

第1章简述常见的仿生学方法及其原理，如变形虫算法、克隆选择算法、社交蜘蛛优化算法、人工免疫算法、细胞趋化算法、萤火虫算法、果蝇优化算法、粒子群优化算法、猫群优化算法、蚁群优化算法等。

第 2 章分析 ICN 的关键技术，并结合新兴技术和典型网络架构两个方面分别阐述 ICN 的优势和发挥空间。

第 3 章综述 ICN 路由和仿生 ICN 路由的研究现状，并以此总结 ICN 路由面临的挑战，进而分析基于蚁群 ICN 路由的科学合理性。

第 4～7 章是本书的核心部分。

第 4 章研究基于蚁群的 ICN 路由机制。首先，将蚂蚁群体系统的重要模块映射到 ICN 路由场景中，实现二者之间的结合。其次，为内容存储设计基于字典树的存储方案，以实现高效的查询。继而，启发于酒精挥发现象，为未决兴趣表设计连续的内容浓度更新模型。再次，考虑蚂蚁的多样性特征和正反馈特征，为转发信息表实现基于概率的随机转发。最后，设计整体的路由机制，分析算法的时间复杂度和收敛性，从理论上证明所提机制的可行性和有效性。实验表明该机制能够获取最合适的内容副本并且有较好的性能。

第 5 章研究基于蚁群和支持移动性的 ICN 路由机制。首先，改进连续的内容浓度更新模型使其更加合理、简单、方便。然后，采用轮盘赌模型为一组兴趣蚂蚁选择确定的转发接口，避免过度地展现蚂蚁多样性特征，以此确保系统的稳定性。最后，将内容移动性总结为四种典型的移动场景，并在其基础上设计统一的路由机制。实验表明无论内容如何移动，该移动性机制都能获取到最合适的内容副本且具有较好的性能。

第 6 章提出基于蚁群和相似关系的 ICN 路由机制，其中包括基于连续内容浓度模型和基于离散内容浓度模型两个路由机制。首先，提取内容名前缀，并采用绝对值减法和点乘法计算路由器之间的相似关系；进而模拟蚁群求解旅行商问题，把相似关系和内容浓度作为两个启发因子引导兴趣蚂蚁的转发。然后，进一步利用相似关系并提出基于密度的空间聚类，以此在众多路由器中选择核心路由器用于存储数据蚂蚁路由过程中的内容。最后，为了方便内容的传输、降低网络的负载以及提高网络的吞吐量，不再集中传输内容，而是将大的内容划分成若干个小的内容块。实验表明相似关系的引入能够更好地促进兴趣的转发。

第 7 章引入控制平面与数据平面分离的思想建立了一个集控制器、信息管理中心和区域一体化的新型 ICN 体系结构。首先，将路由器之间的相似关系看成链路权重和聚类参考属性，继而基于最大树的聚类方法划分 ICN 拓扑。然后，为了使路由器从频繁的访问中解脱出来仅用于执行兴趣请求的转发，将区域内所有路由器的相关信息提交到信息管理中心进行集中式的管理，其中包括与内容相关的表和与转发相关的表，即只需在这两个表之间进行查询切换。最后，设计路由机制为兴趣请求提供所需的内容，域内路由时不需要兴趣的转发，只需在一个域内协调控制器、信息管理中心和兴趣请求所在的区域即可；域间路由需要产生一组兴趣蚂蚁在各个区域之间进行随机转发。实验表明区域划分能够帮助 ICN 路由和提高它的可扩展性。

第 8 章总结本书并展望未来的工作。

本书模拟蚂蚁的觅食过程，引入酒精挥发模型和轮盘赌模型，以及相似关系、密度聚类、最大树和区域划分等技术，针对不同问题设计四个不同的蚁群 ICN 路由机制。此外，在一些实际的网络拓扑上，从路由成功率、路由跳数、迭代次数、路由时延、时间开销、吞吐量及稳定性等方面给予性能评价。研究成果具有较强的理论价值和实际意义，能够为自适应 ICN 路由提供一种新的思路。

本书得到东北大学“双一流”建设经费、辽宁省高校创新团队支持计划项目(LT2016007)、国家自然科学基金项目(61872073)、辽宁省“兴辽英才计划”项目(XLYC1902010)和国家重点研发计划课题(2018YFB1800201)资助。本书的撰写得到东北大学计算机科学与工程学院领导的支持和帮助，在此表示感谢。史岚、张送柱、马连博、李婕等老师以及张卿祎、吴思锦、程丹丹、刘岩、苏立言、赵影、潘石、胡书培等研究生协助进行书稿的整理工作，在此一并表示感谢。

限于作者水平，本书难免存在不妥之处，敬请广大读者批评指正。

目　　录

前言

第 1 章　仿生学方法及其原理……1

1.1　变形虫算法……1

1.2　克隆选择算法……2

1.3　社交蜘蛛优化算法……2

1.4　人工免疫算法……3

1.5　细胞趋化算法……3

1.6　萤火虫算法……4

1.7　果蝇优化算法……4

1.8　粒子群优化算法……5

1.9　猫群优化算法……5

1.10　蚁群优化算法……6

1.11　本章小结……6

第 2 章　ICN 关键技术……7

2.1　ICN 概述……7

2.1.1　ICN 的出现……7

2.1.2　ICN 的典型架构……9

2.2　ICN 研究热点……12

2.2.1　命名技术……12

2.2.2　网内缓存技术……13

2.2.3　基于名字的路由技术……14

2.2.4　实验平台技术……15

2.3　新兴技术对 ICN 产生的影响……15

2.3.1　云计算和 ICN……16

2.3.2　网络功能虚拟化和 ICN……16

2.3.3　5G 和 ICN……17

2.3.4　大数据和 ICN……17

2.4　典型网络架构为 ICN 带来的优势……17

2.4.1　DCN 和 ICN……18

2.4.2　SDN 和 ICN……18

2.4.3 MSN 和 ICN ······ 19
2.4.4 卫星网络和 ICN ······ 20
2.4.5 IoT 和 ICN ······ 20
2.4.6 VAN 和 ICN ······ 20
2.5 本章小结 ······ 21
第 3 章 ICN 路由和仿生 ICN 路由 ······ 22
3.1 基于用户需求的 ICN 路由研究 ······ 22
3.1.1 支持节能的 ICN 路由 ······ 22
3.1.2 支持 QoS 的 ICN 路由 ······ 23
3.1.3 支持移动性的 ICN 路由 ······ 24
3.2 基于转发的 ICN 路由研究 ······ 24
3.2.1 基于洪泛的兴趣路由 ······ 24
3.2.2 基于最优接口选择的兴趣路由 ······ 25
3.2.3 基于缓存感知的兴趣路由 ······ 26
3.2.4 基于 SDN 的兴趣路由 ······ 27
3.2.5 基于域的兴趣路由 ······ 28
3.2.6 基于蚁群的兴趣路由 ······ 28
3.3 ICN 路由面临的挑战 ······ 29
3.3.1 FIB 的急剧扩张 ······ 30
3.3.2 最近内容副本的获取 ······ 30
3.3.3 内容的均匀分布 ······ 30
3.3.4 移动性的支持 ······ 30
3.3.5 大规模网络的应用 ······ 31
3.4 仿生 ICN 路由的研究背景 ······ 31
3.4.1 仿生 ICN 路由的开展 ······ 31
3.4.2 基于蚁群的 ICN 路由的提出 ······ 32
3.5 基于蚁群 ICN 路由的研究内容 ······ 34
3.6 本章小结 ······ 37
第 4 章 基于蚁群的 ICN 路由机制 ······ 38
4.1 引言 ······ 38
4.1.1 研究动机 ······ 38
4.1.2 主要贡献点 ······ 41
4.2 系统框架结构 ······ 41
4.3 基于蚁群的 ICN 路由机制设计 ······ 43
4.3.1 基于字典树的 CS 设计 ······ 43
4.3.2 基于酒精挥发模型的内容浓度设计 ······ 45

4.3.3　接口转发概率的计算……50
4.3.4　路由决策的设计与描述……52
4.4　性能分析……54
4.4.1　时间复杂度分析……54
4.4.2　收敛性分析……56
4.5　仿真与性能评价……58
4.5.1　实验方法……58
4.5.2　平均路由成功率测试……60
4.5.3　平均迭代次数测试……61
4.5.4　平均路由跳数测试……62
4.5.5　平均路由时延测试……63
4.5.6　平均时间开销测试……64
4.5.7　平均负载均衡度测试……68
4.5.8　综合性能评比……69
4.6　本章小结……70
第5章　基于蚁群和支持移动性的ICN路由机制……72
5.1　引言……72
5.1.1　研究动机……72
5.1.2　主要贡献点……74
5.2　系统框架结构……75
5.3　基于移动性路由机制的设计……76
5.3.1　内容浓度的设计与更新……77
5.3.2　基于轮盘赌模型的转发选择……79
5.3.3　路由决策的设计与描述……81
5.4　仿真与性能评价……83
5.4.1　实验方法……83
5.4.2　平均路由成功率测试……86
5.4.3　平均路由跳数测试……89
5.4.4　平均时间开销测试……91
5.4.5　平均负载均衡度测试……93
5.4.6　基于Wilcoxon的统计性测试……95
5.5　本章小结……96
第6章　基于蚁群和相似关系的ICN路由机制……97
6.1　引言……97
6.1.1　研究动机……97
6.1.2　主要贡献点……99

6.2 系统框架结构 ………… 99
6.3 基于连续型路由机制的设计 ………… 101
6.3.1 内容浓度的设计与更新 ………… 101
6.3.2 相似关系的计算 ………… 101
6.3.3 路由决策的设计与描述 ………… 103
6.4 基于离散型路由机制的设计 ………… 104
6.4.1 内容浓度的设计与更新 ………… 104
6.4.2 相似关系的计算 ………… 105
6.4.3 核心路由器的确定 ………… 106
6.4.4 路由决策的设计与描述 ………… 106
6.5 仿真与性能评价 ………… 108
6.5.1 实验方法 ………… 108
6.5.2 平均路由成功率测试 ………… 109
6.5.3 平均路由跳数测试 ………… 110
6.5.4 平均时间开销测试 ………… 111
6.5.5 平均负载均衡度测试 ………… 112
6.5.6 平均吞吐量测试 ………… 113
6.6 本章小结 ………… 114
第 7 章 基于蚁群和区域划分的 ICN 路由机制 ………… 116
7.1 引言 ………… 116
7.1.1 研究动机 ………… 116
7.1.2 主要贡献点 ………… 117
7.2 系统框架结构 ………… 118
7.3 基于区域划分路由机制的设计 ………… 119
7.3.1 基于最大树的区域划分 ………… 120
7.3.2 区域信息的管理 ………… 122
7.3.3 路由决策的设计与描述 ………… 124
7.4 仿真与性能评价 ………… 126
7.4.1 实验方法 ………… 127
7.4.2 平均路由成功率测试 ………… 127
7.4.3 平均路由跳数测试 ………… 128
7.4.4 平均路由时延测试 ………… 129
7.4.5 平均吞吐量测试 ………… 131
7.4.6 稳定性分析 ………… 132
7.5 本章小结 ………… 133

第 8 章　总结与展望……134
8.1　总结……134
8.2　展望……136
参考文献……138

第1章　仿生学方法及其原理

近现代以来，生产技术和科学技术不断蓬勃发展，人们开始认识到生物系统(动物、植物、自然现象等)是发明创造新技术的主要途径之一，于是自觉地启发于生物界从而衍生出各种技术思想和设计原理。随着研究人员对生物界的不断深入探讨，这种思维模式逐渐演变成了一门学科，即仿生学。

仿生学最初是由美国的Steele于1960年提出的[1]，它是根据拉丁文“bios(生命方式)”和字尾“nlc(具有…的性质)”构成的，大约从1961年才开始使用。某些生物具有的功能(如涉及信息接收(感觉功能)、信息传递(神经功能)、自动控制系统等)迄今比任何人工制造的机械都优越得多，仿生学就是要在工程上实现并有效地应用生物功能的一门学科。鉴于仿生学方法众多，本章仅介绍一些常见的仿生学方法及其简单的原理，以供读者参考和启发出更出色的仿生技术手段。

1.1　变形虫算法

变形虫(amoeboid)又名阿米巴原虫、多头绒泡菌，是一种具有多核的介于动、植物之间的有机体。它的身体相当于一个由管道构成的网络，营养物质和氧气通过管道传输达到细胞体的各个部位，因此一只变形虫的身体可演变为一个智能系统。

以Tero为代表的日本和英国的研究团队做了一个著名的迷宫实验[2]。首先在一个可连通的迷宫出口和入口各放置一块食物。然后，将一个饥饿变形虫随机放在迷宫中。一段时间过后，变形虫逐渐扩张自己的细胞体以向外界探索食物。最后变形虫的细胞体充满了整个迷宫，并且一些探出的细小分支找到食物源。研究人员发现，聪明的变形虫开始萎缩自己的身体，把那些没有找到食物的管道萎缩，而那些找到食物的分支被留了下来，最后只在迷宫的入口和出口连接了一条路径，而这条路径正是连接迷宫出口和入口的最短路径。由此，Nakagaki等指出了变形虫两点经验性的摄食规则：①没有摄取到食物源的管道会很快萎缩并消失；②当有两个及以上的管道都找到相同的食物时，较长的管道会先萎缩。

此外，介绍关于变形虫算法的设计，2007年，Tero等研究人员根据此实验建立了一个简单的迷宫数学模型。首先，初始化全网的导通性，再利用哈根-泊肃叶(Hagen-Poiseuille)方程模拟变形虫一段管道内细胞质原浆流的压力，以此来计算该管道的流量。变形虫的管道上除流入流出点外的其他任一点的流量为0，建立一个流量矩阵计算出每个节点的压力。下一时刻管道的导通性是由上一刻的流量和导通性决定的。该算法以此迭代下去，直到最短路径上的管道导通性收敛于 1，而其他都收敛于 0。

1.2 克隆选择算法

克隆选择算法(clone selection algorithm，CSA)[3]是一种受到无性繁殖过程中生物获得免疫进化启发得到的优化算法。在免疫细胞连续产生基因变异的过程中，细胞的多样性得到了极大的丰富。克隆选择的原理如下：在生物体内免疫细胞的多样性达到一定程度后，对于入侵的每种抗原，机体都能识别出，然后克隆相应的免疫细胞并激活、分化和增殖，进行免疫应答，最终消灭抗原。

CSA 分别在抗体种群和优秀抗体记忆集中实现克隆选择操作，全面地模拟了生物免疫系统克隆选择的过程，更好地保持了抗体种群的多样性。针对各种实际问题，克隆选择算法可以采用二进制编码、序列编码或者字符编码等多种形式。克隆选择算法是先对种群进行评价，根据亲和度函数，对优良的个体进行克隆，最后经过变异等操作，形成了经历“优胜劣汰”的种群。

1.3 社交蜘蛛优化算法

根据合作行为的不同，可将蜘蛛分为两种基本类型，即独居蜘蛛和社交蜘蛛。独居蜘蛛独自结网捕食，很少与其他同类个体接触；而来自同一个群体的社交蜘蛛拥有一个公共的网，且群体内的成员在空间上的距离很近。社交蜘蛛优化(social spider optimization，SSO)算法是模拟社交蜘蛛之间合作行为的一种新型群体智能优化算法[4]。

一个社交蜘蛛群体由两个部分组成，即成员和公共的网。在社交蜘蛛群体中，成员包括雄性蜘蛛和雌性蜘蛛，且雌性数量占据绝对的优势，而雄性蜘蛛的数量几乎只有整个群体的 30%。在社交蜘蛛群体中，不同性别的蜘蛛会呈现出不同的合作行为，如对公共网络的构建和维护、捕食、交配与社交联系。群体内成员之间的交互可以是直接的也可以是非直接的。直接交互是身体的接触，而非直接交互是通过蜘蛛网作为中间介质来传递信息。这些信息通过蛛网的微小振动来编码，群体内的所有成员都能收到这个信息，它是成员间协作的关键。振动可以用来传递许多信息，如捕猎陷阱的大小、相邻成员的特点等。每个蜘蛛感受到的振动强度取决于产生振动的蜘蛛的质量和该蜘蛛与产生振动蜘蛛的距离。

在社交蜘蛛群体中，雌性蜘蛛倾向显示对其他蜘蛛的吸引或厌恶，而这种吸引和厌恶通常取决于其他蜘蛛所产生的振动。雄性蜘蛛又分为优势的雄性蜘蛛和非优势的雄性蜘蛛两类，优势的雄性蜘蛛比非优势的雄性蜘蛛体形更大。雄性蜘蛛的行为是以生殖为导向的，优势的雄性蜘蛛对附近的雌性蜘蛛更有吸引力，而非优势的雄性蜘蛛趋向于移动到雄性蜘蛛的中心以利用优势雄性蜘蛛浪费的资源。

社交蜘蛛群体中，交配也是一个重要的操作，不仅保证了群体的延续，也是成员间交流信息的一种方式。交配通常在雌性蜘蛛和优势的雄性蜘蛛之间发生，当一个优势的雄性蜘蛛和多个雌性蜘蛛相邻时，它会和所有的雌性蜘蛛交配来产生后代。

社交蜘蛛优化算法就是模拟社交蜘蛛群体中蜘蛛的不同行为而设计的群智能优化算法，将雌性蜘蛛对其他蜘蛛的吸引或厌恶、雄性蜘蛛的不同行为，以及交配行为都抽象为优化过程的寻优操作。

1.4　人工免疫算法

人工免疫系统是生物启发研究中的重要组成部分。从生物免疫系统的工作原理受到启发，Stadler 等[5]首次提出生物免疫和计算之间可能存在关系。人工免疫系统将优化问题中的寻优过程与人体免疫过程相对应，并抽象为数学模型，形成智能优化方法。在人工免疫过程中，对免疫系统的运作机制进行如下描述。

(1) 抗原：能够刺激和诱导机体的免疫系统产生免疫应答的物质，在人工免疫系统中，表示需要解决的问题。

(2) 免疫疫苗：根据先验知识获得的待解决问题的初始解，用于免疫算法进行各种免疫操作，进而找到问题的最优解。

(3) 抗体：在人工免疫过程中，表示进行免疫操作后产生的较优个体，免疫的过程就是不断优化抗体，寻找满足问题需求的最优解的过程。

(4) 免疫算子：表示对抗体的操作，在人工免疫系统中，主要包括交叉操作和变异操作。交叉操作表示对不同抗体进行重新组合，而变异操作表示对抗体进行随机变动，交叉操作和变异操作都能够扩大抗体的搜索范围。

(5) 免疫调节：在生物免疫过程中，抗体能够维持一定的平衡。在人工免疫系统中，表示在寻找最优解的过程中，既要考虑到可行解的性能，又要考虑到搜索的有效性，使得可行集在性能和范围之间维持一个最优的关系。

(6) 免疫记忆：将产生的抗体进行记忆存储，当再次有相同抗原出现时，机体不再受到感染，能够进行直接免疫，具有反应时间短、效果明显的特点。在人工免疫系统中表示对最优可行解的存储利用。

1.5　细胞趋化算法

趋化性 (chemotaxis) 是指由介质中化学物质的浓度差异形成的刺激所引起的

趋向性。细胞趋化性是指，在胚胎发育的过程中，细胞依据成形素的浓度来确定自己的位置，即成形素的浓度能够决定细胞的位置和种类[6]。细胞趋化性体现了细胞受到成形素的“指示”向某个部位运动的特性：在一些趋化因子的作用下，细胞能够借助其表面的识别受体促使细胞骨架的改变而发生运动。本书基于细胞趋化行为进行ICN路由的原因和优点主要有：

(1)细胞趋化性现象具有“基于局部视图、执行局部操作以实现全局协调”的特点，符合ICN中分布式逐跳路由的技术路线。

(2)细胞趋化行为是生物体内环境能够达到稳态的必要条件，生物体内环境稳态的特性符合网络环境不断变化但是基本保持平稳的特点。

(3)模拟激素在生物体内的扩散传播实现ICN中内容的扩散传播，模拟细胞的趋化行为来实现ICN中对路由请求的转发，简单可行。

1.6 萤火虫算法

萤火虫算法(firefly algorithm, FA)[7]是一种受大自然启发的优化算法，基于夏天的夜空中舞动萤火虫的发光行为。该算法中，物理实体即萤火虫随机分布在搜索空间中，它们携带生物发光物质，即萤光素，作为与其他萤火虫进行通信交流的信号，尤其是利用萤光素来捕食猎物。具体来说，每一只萤火虫都会被其他具有更亮光度的相邻萤火虫所吸引，朝着更亮的那只萤火虫移动，距离越远，这种吸引度反而越小，假如其他萤火虫的亮度都没有这只萤火虫高，那么此萤火虫会进行随机移动。

通常，萤火虫算法使用以下三种理想规则来简化搜索过程以获得最优解：

(1)萤火虫没有性别之分，每一只萤火虫都会被其他萤火虫所吸引，这就意味着不需要变异操作来改变萤火虫互相之间的吸引度。

(2)萤火虫之间信息或者食物的共享与吸引度呈正比例关系，随着两者之间欧几里得距离的减小而增大，原因在于空气会吸收光。因此，对于任何两只发光萤火虫，亮度低的萤火虫将会向亮度高的萤火虫移动，如果没有更高亮度的萤火虫存在，那么它将会随机移动。

(3)目标函数决定萤火虫的亮度，对于最大优化问题，光强度与目标函数的值呈正比例关系。

1.7 果蝇优化算法

果蝇优化算法(fruit fly optimization algorithm，FOA)是Pan[8]受到果蝇觅食行为的启发提出的一种智能优化算法。该算法充分借鉴了果蝇自身嗅觉和视觉的优良特性以及其觅食过程中表现出来的行为过程，果蝇在觅食过程中，先通过其敏锐的嗅觉嗅到食物的大致方向，飞近食物后再通过视觉近距离寻找食物，直到找到食物为止。

果蝇是我们日常生活中常见的小型飞行动物，虽然不利于观察，但是其感知物体的能力却远远超过其他物种，尤其是果蝇的嗅觉和视觉。果蝇的嗅觉极其灵敏，可以嗅到距离其 40m 左右的食物；果蝇的眼睛通常称为复眼，其中含有大约 760 个独立的眼睛，给果蝇带来了发达的视觉。具有这样敏锐的嗅觉和视觉特性，果蝇就拥有了极其广泛的食物来源，果园、菜市场都是其经常光顾的地方。果蝇的觅食行为可以大致描述如下：首先，果蝇通过嗅觉器官嗅到食物；然后，飞向食物所在位置；接着，当果蝇接近食物后，使用其发达的视觉发现食物和其他果蝇；最后，果蝇飞到食物所在位置。

1.8　粒子群优化算法

1998 年，Shi 与 Eberhart[9]在 Reynolds 和 Heppner 等的研究成果基础上提出了粒子群优化(particle swarm optimization，PSO)算法。Shi 与 Eberhart 最初的设想是通过仿真鸟群这样的简单社会系统来研究复杂的社会行为，但是随着研究的深入，他们发现 PSO 算法是一种能够有效解决复杂优化问题的技术，即通过群体中粒子间的合作与竞争而产生的群体智能指导优化搜索。假设一群鸟在只有一块食物的区域内随机搜索食物，所有的鸟都不知道食物的具体位置，但是它们已知自己以及当前整个群体其他鸟类的位置和食物之间的距离。利用搜索过程中距离食物最近的鸟的经验以及自身经验，整个鸟群找到食物的位置变得比较简单。

PSO 算法从这种模型中得到启发并用于解决优化问题。PSO 算法将每个优化问题的解都抽象成搜索空间中的一只鸟，称之为“粒子”。所有的粒子都有一个由优化目标函数计算所得的适应度值，每个粒子还有决定飞行距离和方向的速度，并记录下搜索过程中的最优历史位置。此外，每个粒子还记录搜索至目前整个群体中所有粒子的最优位置。之后粒子根据自身经验和目前最优解在解空间中继续搜索。整个问题的求解过程可以看成是一群鸟协作的觅食过程，食物的最优位置便是最优解位置。

1.9　猫群优化算法

猫群优化(cat swarm optimization，CSO)算法是由 Chu 等[10]于 2006 年提出的一种基于猫的行为的全局优化算法。根据生物学分类，猫科动物大约有 32 种，如狮子、老虎、豹子和猫等。尽管生存环境不同，但是猫科动物的很多生活习性非常相似。猫对于活动的目标具有强烈的好奇心，一旦发现目标便进行跟踪，并且能够迅速地捕获猎物，这是猫的跟踪行为；猫的警觉性非常高，即便休息也处于一种高度警惕的状态，时刻保持对周围环境的警戒搜寻，这是猫的搜寻行为。CSO算法是通过将猫的跟踪行为和搜寻行为结合起来提出的一种解决复杂优化问题的全局优化方法。

在 CSO 算法中，猫的位置即待求优化问题的可行解。CSO 算法将猫的行为分为两种模式：一种是猫在跟踪动态目标时的状态，称之为跟踪模式；另一种是猫在懒散、环顾四周状态时的模式，称之为搜寻模式。CSO 算法中，一部分猫执行跟踪模式，剩下的猫则执行搜寻模式，两种模式能够通过结合率(mixture ratio，MR)进行交互，MR 表示执行跟踪模式下猫的数量在整个猫群中所占的比例。当猫执行完跟踪模式和搜寻模式后，根据适应度函数计算它们的适应度并保留当前群体中最好的解，之后再根据结合率随机将猫群分为跟踪模式的猫和搜寻模式的猫，以此方法进行迭代计算直到达到预设的迭代次数。

1.10 蚁群优化算法

蚁群优化算法[11]的灵感源于蚁群觅食的生物学行为，生物学家通过实验研究发现当蚂蚁找到食物后，总能寻找到一条从蚁巢到食物源的最短路径，进一步分析发现当蚂蚁在搜索食物源时，首先它会在蚁巢周围随机搜索，一旦找到食物源就在返回的途中产生一种化学物质，这种化学物质通常定义为信息素，它会随着时间而慢慢减弱，蚂蚁释放的信息素量与食物质量信息有关。这样当一只蚂蚁在觅食遇到信息素的时候就会以更大的概率选择浓度比较高的路径，从而形成一个正向的反馈机制。意大利的 Dorigo 等[11]于 1992 年基于真实蚁群寻找食物的实验，继而提出了著名的蚁群优化(ant colony optimizion，ACO)算法，该算法总结了蚂蚁搜索和相互协作的机制。

1.11 本 章 小 结

本章重点介绍了几种常见的仿生学方法及基本原理，如变形虫算法、克隆选择算法、社交蜘蛛优化算法、人工免疫算法、细胞趋化算法、萤火虫算法、果蝇优化算法、粒子群优化算法、猫群优化算法、蚁群优化算法等。其中，蚁群优化算法是本书的研究重点，将在后续章节详细介绍。

第2章　ICN关键技术

近年来，ICN[12]作为未来互联网体系结构中一种新型的网络范式，以其独特且直接地访问内容而非内容的IP(internet protocol，互联网协议)地址而备受青睐。与此同时，这种通信模式的全新变革带来了许多优势，如实现了高效的内容分发(content distribution)、天然地支持移动性(mobility)、保证了安全性(security)以及增强了可扩展性(scalability)等。

另外，虽然ICN作为一种新型的网络范式，具备网内缓存、内容分发、移动性等优点，但是随着新兴技术(网络)的出现，如云计算、网络功能虚拟化、5G、数据中心网络、软件定义网络、移动社交网络、卫星网络、物联网、车载网等，ICN要想得到进一步的发展，必然要无障碍地适应这些新兴的技术(网络)。

2.1　ICN概述

ICN提供网络基础设施服务，旨在更有效地分布和获取内容。其中，内容是一种抽象的信息实体，它能以任意类型的对象存在，如实时的多媒体流、服务、网络载体等[13]。目前，一些相关的ICN项目在许多国家和地区(如美国、日本及中国等)已经开展[14]，如基于内容的网络(content-based networking，CBN)[15]、具有广播功能的CBN(combined broadcast and CBN，CBCBN)[16]、面向数据的网络结构(data oriented network architecture，DONA)[17]、面向信息的网络(network of information，NetInf)[18]、命名数据网络(named data networking，NDN)[19]、内容中心网络(content-centric networking，CCN)[20]、发布/订阅网络技术(publish/subscribe internet technology，PURSUIT)[21]及服务中心网络(service-centric networking，SCN)[22]。其中，CCN是一个极具代表性的ICN体系结构，并且绝大多数ICN的相关研究都是由它衍生的。

2.1.1　ICN的出现

互联网(internet)起源于20世纪60年代，是当今人类史上最重要的发明之一。互联网体系结构包括网络基础设施、通信协议、网络功能、网络管理和运营方法等。合理的互联网体系结构，对网络的性能、服务质量(quality of service，QoS)、持续发展、演进等方面有着决定性的影响[23]。其中，互联网体系结构的雏形来自美国早期的军用计算机阿帕网。与此同时，互联网的出现促进了经济、社会、科技等方面的发展，已经实现了从工业时代到信息时代的跨越。然而，业界广泛认为当前的互联网结构非常复杂，很难轻松地管理和演进[24]。这是因为互联网只提供尽力而为的服务(最大限度地把不同的网络与终端连接起来)，而忽略了数据的有效传输、精密计算和实时存储。

互联网业务与日俱增，逐步呈现出多样化及多元化等特征，且伴随着用户的高标准高要求。尤其，互联网用户对信息的本身属性(what)非常感兴趣，而忽略了信息的物理位置(where)，这就导致了以主机为中心的互联网很难满足新兴的使用模式[25]。进一步地，互联网已经在很大程度上难以支持对内容分发的迫切需求；具体地讲，与传统的应用(如电子邮件和网页浏览)相比，新涌现的应用(如YouTube)将产生更多的流量，更重要的是，移动用户的数量以及移动终端的数量也在急剧上升，这是互联网所不能承受的[26]。例如，思科视觉网络指数(Cisco visual networking index，CVNI)预测到 2020 年平均每年的全球移动数据流量能达到366.8EB，其中仅视频就能占到 75%[27]。另外，CNVI 预测到 2020 年中东和非洲地区的云流量将拥有最高的平均复合增长率，即 43%[28]。此外，CNVI 预测到 2020 年全球的移动用户数量有望达到 55 亿(约占人口总数的 70%)，其中，移动设备数量有望达到 85 亿[27]。

鉴于互联网体系结构存在众多不足，两股革新浪潮孕育而生：一种是渐进式的，即在互联网之上进行细枝末节的修改；另一种是革命式的，即彻底改变以主机为中心的通信模式。其中，渐进式的代表有点对点(peer-to-peer，P2P)的文件共享系统(如 Gnutella 和 BitTorrent)和内容分发网络(content delivery networks，CDN)，它们能够实现多源内容获取、内容副本存储以及内容的快速传播，与此同时也改进了互联网之上的内容接入模式[25]。然而，由于它们一般操作在互联网之上，无法利用下层网络拓扑所提供的知识信息去实现最优的网络性能。尤其随着网络需求的增加，构建在互联网上的技术补丁越来越多，这样一来，网络管理的复杂性和协议的多样性也会随之增加，并且网络的可扩展性也会受到限制。这种情况下，更多的研究者倾向深入研究具有革命式的未来互联网体系结构。

未来互联网可以追溯到 2005 年美国国家自然基金(National Science Foundation，NSF)发起的全球网络创新环境(Global Environment for Network Innovations，GENI)研究计划[29]，随之，欧洲 2007 年相继开展了未来网络研究和实验项目[30,31]。未来互联网的设计要全面考虑安全性、移动性、可靠性等因素，从而对互联网的体系结构进行全部的革新，大体上需要三个连续的步骤[14]：对互联网进行不同方面的创新、通过项目实施推进一个全新的网络体系结构，以及用实验台做实际的测试。当前正在进行的未来互联网研究大致可以分为四类：①体系结构设计；②管理机制设计；③流量识别、信任模型和 QoS 评价；④基于软件定义网络(software-defined networking，SDN)和 OpenFlow 的研究[32]。然而，不同的国家和地区开展未来互联网研究的目标和层次也有所不同，如美国的 NDN/CCN[19]、MobilityFirst[33]、NEBULA[34]等，欧洲的 4WARD[35]和 FIRE[30]等，日本的 AKARI[36]和 JGN2plus[37]，以及中国升级版的 NDN[38]。其中，NDN/CCN 是目前较为流行的研究范式，这意味着 ICN 作为一种极具前瞻性的网络体系结构受到了业界的广泛认可。尤其近几年，由国际计算机协会(Association for Computing Machinery，ACM)赞助的会议依次在美国的洛杉矶[39]、加利福尼亚[40]以及日本的京都[41]召开，进一步强调了 ICN 的重要性，有望迎来 ICN 的第二次春天。

ICN 的雏形可追溯到 2001 年，源于 Gritter 和 Cheriton[42]撰写的开创性文章，尽管如此，ICN 的概念并未提出。事实上，ICN 概念的切实提出是在 2009 年，源于 Jacobson 等[43]发表在 CoNEXT 上的一篇会议论文。继而，大量的研究型文章和综述型文章不断涌现，将 ICN 的研究热潮带动起来。总结起来讲，ICN 的典型特征如下：①直接接入命名的内容而非内容的地址；②支持网内缓存，即网络内可存在多个内容副本；③兴趣驱动，即内容的获取需要兴趣的驱动/发出；④天然地支持多播技术。

2.1.2　ICN 的典型架构

近年来，由美国等国家和欧洲、亚洲等地区支持的 ICN 项目层出不穷，如 CBN(后来演变成 CBCBN)、SCN、DONA、NetInf、CCN/NDN 和 PURSUIT(由发布/订阅互联网路由范式(PSIRP)[44,45]演变而来，后来演变成 POINT[46])，其中，比较有发展前景的是 DONA、CCN/NDN 和 PSIRP/PURSUIT/POINT。虽然这些项目在体系结构设计方面的侧重点不同，但是它们都关注内容的本身，即凸显了 ICN 的本质特征。接下来，着重从名字解析和数据路由两个方面介绍它们。

1. DONA

DONA 是最早的较为完整的 ICN 体系结构，它是由加利福利亚大学伯克利分校负责组建的。与统一资源定位符(uniform resource locator，URL)不同(URL 需要通过它们的名字解析系统绑定到一个指定的位置)，DONA 采用扁平的具有自我认证功能的命名方案，并且不管信息如何移动，扁平化的名字都是持久的、唯一的。除此之外，它允许信息以副本的形式缓存在网络层，因此增加了信息的可用性。

DONA 中的名字解析是由一个称为解析处理机(resolution handler，RH)的专门服务器所提供的，并且在每个自治系统(autonomous system，AS)内至少有一个逻辑层面上的 RH。不同的 RH 是相互连接的，以此在现有的域间路由关系上形成一个层次化的名字解析服务，如此一来，DONA 的名字解析和数据路由只需遵守在AS之间建立的路由策略即可。

路由过程描述如下：

(1)发布者发送一个携带信息对象名字的注册消息到当地的 RH。接着，RH 发送这个注册消息到它同级的 RH 和上一层次的 RH。由于一级信息提供者之间相互同级，所以所有 RH 中的注册消息都能被复制到一级信息提供者，即一级信息提供者的 RH 能够识别到全网中所有的注册消息。

(2)为了获得一个信息对象，订阅者发送一个发现消息到当地的 RH，其中，RH 能够发送注册消息到它的上一层 RH，直到找到可以匹配的注册消息条目。由于一级信息提供者识别到全网的所有注册消息条目，如果请求信息对象的名字存在，那么这个消息发现就能成功。

DONA 也支持多播：当 RH 接收到其他相同的发现消息(请求同样的信息对象)，它们被合并成一个具有多路径标签的单一表项，这样就构建了一个多播分布树。在这个过程中，发现消息需要缓存在 RH 中一段特定的时间，并且 RH 也需要发送信息更新以应答这些发现消息直到它们消亡为止[17]。

2. CCN/NDN

CCN 是一个比较成熟的 ICN 体系结构，它出自帕克研究中心。后来，针对它的进一步发展，NSF 未来互联网设计工作组构建了 NDN 项目。NDN 用命名的数据替代互联网的细腰模块以达到重塑互联网协议栈的目的：对于细腰下部的连接，使用包括 IP 但又不限于 IP 的各种网络技术；对于细腰上部，适应包括安全性、可扩展性等在内的各种应用技术。NDN 采用层次化的命名方式，允许名字解析和数据路由信息通过相似的名字聚合起来，以此增加了体系结构的可扩展性。事实上，NDN 的命名是任意的，它的名字解析和数据路由是可以同时进行的，即边路由边解析，这样能够有效地促进内容的获取。

NDN 的每个路由器需要维持三张表，即内容存储(content store，CS)表、未决兴趣表(pending interest table，PIT)和转发信息表(forwarding information base，FIB)。其中，CS 表用来存储用户所请求的内容，一般包括内容名、内容两个字段；PIT 用来记录未决的兴趣条目，一般包括内容名、标识符、入口接口(incoming interface)三个字段(标识符用来区分不同的兴趣请求)；FIB 用来映射一个或多个出口接口(outgoing interface)转发兴趣请求，一般包括内容名、转发接口两个字段。此外，NDN 中存在两种转发消息包，即兴趣包(interest packet)和数据包(data packet)。其中，兴趣包由兴趣请求者发出，用来反映请求者的诉求，在兴趣路由中出现；数据包由内容提供者发出，用来携带所需的内容返回到兴趣请求者，在数据路由中出现。

路由过程描述如下：

(1)当路由器接收到一个兴趣请求，首先将兴趣请求的名字提取出来，然后根据最长前缀匹配原则查找它的 CS 表，看是否有匹配的条目。如果找到 CS 表，该路由器视为内容提供者，将匹配条目对应的内容封装到数据包中，进行数据路由。如果没有找到 CS 表，接下来查询它的 PIT，看是否有匹配的未决兴趣条目。如果找到 PIT，首先添加兴趣请求的名字和入口接口到 PIT，然后等待数据包的返回。如果没有找到 PIT，首先添加兴趣请求的名字和入口接口到 PIT，然后查询它的 FIB，看是否有匹配的兴趣转发接口条目。如果找到，通过匹配的接口转发兴趣请求。如果找不到，兴趣路由失败。

(2)当路由器接收到一个数据请求时，首先提取数据请求的名字，然后与它 CS 表中的条目进行匹配。如果匹配成功，接下来从 PIT 中选择一个对应的入口接口作为出口接口去转发数据请求，并删除 PIT 中相应的条目。如果匹配不成功，首先缓存该数据到 CS 表中(若 CS 表不满，直接缓存该数据到 CS 表中；若 CS 表已满，执行替换策略以缓存该数据到 CS 表中)，然后查询 PIT 从而选择转发出口。

通过以上可以看出，FIB 在兴趣路由的作用和 PIT 在数据路由的作用类似，都用于转发引导：前者引导兴趣包的转发，后者引导数据包的转发。NDN/CCN 路由是由命名的链路状态路由协议所支撑的[47,48]，并且数据路由的路径与兴趣路由的路径是对称的(传输方向相反)。当然，NDN/CCN 也支持多播：它能够通过 FIB 中的多接口转发兴趣请求，也能够通过 PIT 中的多入口接口回收数据包。

3. PSIRP/PURSUIT/POINT

PSIRP 和 PURSUIT 都出自 EU-FP7 项目，前者的主要目标是构造一种基于发布/订阅范式的新型体系结构，后者是在 PSIRP 的基础上发展可部署的功能组件。POINT 也是基于 PSIRP 展开的，它的主要目标是发展技术、创新和商业价值链，以此为系统供应商、经营者、服务提供者等提供一系列的商机[46]。由此可以看出，PSIRP 是三者之中最为基础的 ICN 结构范式。为了方便说明问题，本节以 PSIRP 为例阐述相关的路由策略。

PSIRP 的命名方案与 DONA 相同，只不过内容的名字在 PSIRP 中被称为资源标识符。另外，与互联网相似，PSIRP 还假设网络能被划分为多个 AS。PSIRP 拥有三个独立的功能模块，即汇合、拓扑管理和转发。其中，汇合模块由多个汇合点组成，而每个 AS 中拥有一个汇合点，并且这些汇合点通过全局分层的分布式哈希表(distributed hash table，DHT)实现相互连接。拓扑管理模块负责管理域内拓扑，且负责交换域间路径向量，这与边界网关协议(border gateway protocol，BGP)[23]相似。转发模块包括许多转发节点，每一个转发节点都能采用布隆过滤器实现简单快速的转发。

路由过程描述如下：

(1)发布者向网络发布命名的数据对象，首先告知本地的汇合节点，继而告知整个网络。

(2)当订阅者请求命名的数据对象时，它也向本地的汇合节点发送请求，汇合节点通过全局视图定位到数据的副本。接着，汇合节点告诉该域内的拓扑管理模块，从而通过布隆过滤器快速地计算出一条可行路线。最后，拓扑管理模块指定转发的节点，并通过它们转发数据对象给订阅者。

总起来可以得出三个结论：①DONA 和 PSIRP/PURSUIT/POINT 的命名方式是扁平化的，而 CCN/NDN 的命名方式是层次化的；②CCN/NDN 是边路由边解析，而 DONA 和 PSIRP/PURSUIT/POINT 是先解析再路由；③DONA 的路由依靠 RH，CCN/NDN 的路由依靠 CS 表、PIT 和 FIB，PSIRP/PURSUIT/POINT 的路由依靠汇合模块、拓扑管理模块和转发模块。

2.2 ICN 研究热点

近年来，针对 ICN 的研究技术层出不穷，大致可以分为命名技术、网内缓存技术、基于名字的路由技术和实验平台技术。正如 2.1.2 节所讲，ICN 涉及诸多架构，并且不同的架构之间存在不同的技术手段和技术水平。据统计，CCN/NDN 相关的研究成果占所有 ICN 研究成果的 95%以上，足见 CCN/NDN 已经成为 ICN 中最具有潜质的体系架构。因此，本节基于 CCN/NDN 体系结构，分别对上述提及的四种关键技术进行阐述。

2.2.1 命名技术

ICN 关注命名的内容而不是内容的地址，所有的内容都能以命名的形式被用户直接访问，且内容提供者也将对内容进行命名封装从而返回到兴趣请求者。一般而言，一个好的命名方案直接影响路由的效率，甚至可能影响网络的可扩展性[49]。由此可见，命名技术堪称 ICN 研究之根本。

基于 CCN/NDN 的 ICN 采用层次化的命名方案，名字是由任意可变长度的字符串组成(而 IP 的命名是固定长度的)，且通过最长前缀匹配实现名字的快速查找。例如，/aueb.gr/ai/main.html 可以被一个命名为/aueb.gr/ai/main.html/basketball/sports 的内容匹配。虽然 ICN 支持名字路由，但是名字相对于网络整体结构而言是不透明的，即路由器无法通过名字去感知用户的具体兴趣请求[50]。

命名策略的研究一般可以分为三个方面，即名字结构(name structure)的设计、名字的查找(name lookup)和命名空间的导航(namespace navigation)。其中，通过认证设置的名字结构能够有效地确保安全性[51]，并行的名字查找策略能够有效地提高路由效率，通过聚合方式缩减命名空间能够有效地增强 FIB 的可扩展性[52]。

①由于名字的长度是任意可变的，查询时间也随之发生线性的变化；②内容的形式复杂多变且用户的要求逐渐提高，传统的最长前缀匹配很难使 FIB 有高效的利用率；③内容数量急剧增加，CS 表、PIT 和 FIB 的存储信息时刻发生着变化，这导致传统的名字查找很难做出实时的反应。基于这些因素，命名策略的研究依然亟待解决。事实上，名字的存储、聚合和查找仍然是研究的重点，如基于字典树的存储[53]、基于用户兴趣的名字聚合[54]和基于分布式哈希的查找[55,56]等。

2.2.2 网内缓存技术

网内缓存是 ICN 不可忽略的特征之一，因此针对缓存技术的研究也至关重要。网内缓存，简而言之，网内的路由器具备缓存内容副本的能力，即一个内容能够存在于网内的多个路由器中，以供用户方便地使用，因此路由器又通常称为内容路由器(content router，CR)。ICN 的缓存技术有助于降低获取内容所需的网络时延、均衡整个网络的业务流量以及减小由于链路或者节点失效对内容获取(分发)带来的负面影响[57]等。

与传统的 Web、P2P 以及 CDN 相比，ICN 缓存呈现出一些新的特征，如透明化、泛在化和细粒度化[58]。首先，ICN 对内容进行全局的唯一标识，从而实现了命名的唯一性、永久性和一致性，并以此进行内容路由和信息存储。这样一来，缓存相对于上层的应用而言真正做到了通用、开放和透明。其次，ICN 的缓存节点是不固定的且节点之间的上下游关系也不明确，针对缓存的建模难度也随之增加。最后，与传统的缓存单元划分不同，ICN 需要以线速进行工作[59]，这就导致了以文件大小作为基础单元的缓存不再可行。因此，常常将文件划分为多个可独立标识的数据块，并把数据块作为基本的缓存单元[60]。

ICN 缓存技术的研究可以分为缓存机制的设计和缓存网络的建模两个方面。前者着重技术手段的设计，如缓存资源分配、缓存放置策略、缓存替换策略、内容缓存方式等，而后者多着重理论模型的分析，如分析兴趣包到达的分布模型、缓存系统的状态分析、内容流行度分析、不同兴趣请求的关联性分析等[61,62]。事实上，不论理论如何变化，都离不开技术手段的支持，故缓存机制的研究显得格外重要。

首先，缓存资源分配着眼于对不同的路由器分配不同大小的缓存空间以及在内容分发前预分配哪些内容资源与哪些路由器。其次，若为每个路由器都开辟缓存，势必浪费缓存空间，造成网内数据包冗余。因此，缓存放置策略解决了于众多路由器中哪里开辟缓存的问题。再次，缓存替换策略旨在选择怎样的替换算法进行缓存内容的更新，大量的研究表明，缓存替换策略的选择对整体网络性能的提高并无大的影响，一般采用 LRU(least recently used，最近最少使用)作为默认的替换策略[63]。最后，内容缓存方式包括集中式存储和分布式存储，鉴于 ICN 中所请求的内容较大(如高清视频)，ICN 一般采用分布式缓存的方式，即同构协作式、同构非协作式、异构协作式、异构非协作式等。总体来看，这四种缓存机制分别回答了缓存多少(how many)、哪里能够缓存(where)、缓存什么(what)以及如何缓存(how)的问题。

此外根据内容缓存的位置，缓存机制又可分为路径相关缓存(on-path caching)[64]和路径无关缓存(off-path caching)[65]。CCN/NDN 所支持的路由分为两个阶段：兴趣路由和数据路由，前者用于内容发现，后者用于数据返回。在数据路由阶段，数据包将要进行缓存。如果数据包在兴趣包请求的路径上原路反向缓存到每个路由器，则该缓存机制视为路径相关缓存。如果数据包可以缓存到其他的路由器，则该缓存机制视为路径无关缓存[66]。事实上，路径相关缓存常常对后续相似的兴趣请求有促进作用，而不能在满足多种兴趣请求的情况下提高路由的效率，因此，现在大多数的研究集中于路径无关缓存。

2.2.3 基于名字的路由技术

ICN 的主要目的是进行内容的获取，即兴趣请求者发出兴趣请求，由相关的内容提供者为兴趣请求者提供内容，这个过程需要兴趣名字的参与而非内容的 IP 地址，因此，基于名字的路由是 ICN 关键技术研究的重要一环。

在 TCP/IP 支持的互联网下，包的分发需要两个阶段完成：①在路由平面，路由器交换路由信息并选择最好的路线构造转发表；②在数据平面，路由器严格地按照转发表转发数据包。由此可见，互联网下的路由是有状态的且有自适应能力，而转发是无状态的且无自适应能力。与之相反，ICN 路由器能够通过记录未决兴趣和观察返回的数据包去测量包的分发性能(如兴趣包的生存时间和吞吐量)、丢失率等，它的转发是有状态的且自适应的，而路由是无状态的且非自适应的[67]。因此，ICN 路由的研究又常常集中在数据转发层面。

从接口转发个数的角度来看，ICN 路由通常分为单路径路由和多路径路由。不言而喻，单路径路由产生于每个路由器只选择一个出口接口转发兴趣包，只不过根据这种唯一的路径去获取最近的内容副本有较大的难度，对算法的设计有较高的要求。如果一些路由器根据自身的需求选择多个出口接口转发兴趣包，那么就形成了多路径路由，即能够发现多个内容提供者，这是由 ICN 内在地支持多播和网内缓存所决定的。如此一来，最近的内容副本也较容易被发现，且获取内容的成功率也能够保证，尤其在链路或者节点失效的情况下[68]。

从域的角度来看，ICN 路由又可分为基于链路状态的域内路由和基于前缀匹配的域间路由。前者通过路由器对链路的状态进行收集，进而在 CS 表、PIT 和 FIB 三表之间完成协作转发，这恰好验证了 ICN 的转发是有状态的。后者通过名字前缀完成域的匹配，这与 BGP 较为类似，只是索引匹配的方式不同。

从提升路由效率的角度来看，ICN 路由又可分为 PIT/FIB 的查询设计、基于兴趣的转发、利用网内缓存能力、引入其他网络范式、设计新的路由框架等。其中，表的查询设计主要用于增加表的可扩展性，使有限的表容纳更多的内容项[69,70]；基于兴趣的转发主要用于选择接口进行转发兴趣包，以获取最近的内容副本[71,72]；利用网内缓存能力主要用于放置缓存以备后来兴趣请求的需要，从而达到快速获取内容的目的[73]；引入其他网络范式主要使路由更有层次化[74]；设计新的路由框架主要用于改变当前的路由模式，使路由尽可能地达到全局最优[54]。

2.2.4 实验平台技术

实验是评价 ICN 各种策略好坏的实践性手段，要想取得切合实际的实验成果，需要按照 ICN 中新的协议搭建网络基础设施。然而，在短时间内很难部署真实的 ICN 实验环境，其中也必将消耗大量的资金。为此，研究人员提出了三种方式对 ICN 的相关成果进行测试评价：①在 IP 网络上构建 ICN，形成覆盖网络[75]；②基于仿真平台的实验模拟；③基于 NDN 测试床[76]的实验方案。尽管第一种方案一定程度上能保证实验的顺利进行，但在特定情况下实验结果往往不够准确甚至可能得到相反的结果[77]。因此，第二种实验和第三种实验策略较为常用，并且能保证结果的正确性。

当前比较成熟的仿真工具有 CCNx[78]、ndnSIM 2.3 版本[79]、基于 MiniNet 的 Mini-NDN[80]、由 Wiseman 等提出的 Open Network Lab[81]和 NS3[82]。除此之外，针对一些具体的算法，研究人员还采用了直接编码的方式(如 C++、Java、MATLAB 等)来实现相应的功能。这种方式能够直接有效地检验出算法设计的优劣，并且节省时间、开发方便[40]。在第二届 NDN 国际会议上，Crowley 对当前 NDN 测试床的现状做了简单的总结：全球总共有 26 个 NDN 网关，其中包括美国、中国、韩国、挪威、西班牙、法国、意大利、瑞典等国家；NDN 测试床使用的是命名的链路状态协议。

总体来说，路由是 ICN 研究的重中之重。其中，一个好的命名方案能够加快路由过程中的内容查找和匹配；有效的缓存方案能为后续的兴趣请求做准备，以此增加路由的效率；实验是对路由机制的反馈，能够促进路由机制向好的方向发展。

2.3　新兴技术对 ICN 产生的影响

本节主要阐述新兴技术的应用给 ICN 带来的优势。

2.3.1　云计算和 ICN

云计算(cloud computing)依靠互联网来提供动态易扩展且经常是基础设施虚拟化的资源[83]，它通常依托于云的存在。ICN 以内容命名的方式无处不在地访问内容，导致了网络中命名的信息呈现出爆炸式增长的模式，这将不利于 ICN 进行动态且可扩展的大规模部署。然而，云的出现能够很好地改变这一现状，具体地，将 ICN 中的基础设施虚拟化且把内容路由器中的信息统一放到云上进行存储管理，进而依靠云计算技术为兴趣请求者提供所需的内容[84]，这充分说明了云的可扩展性特征能够有效地帮助 ICN 进行内容管理。图 2.1 呈现了云 ICN 框架。

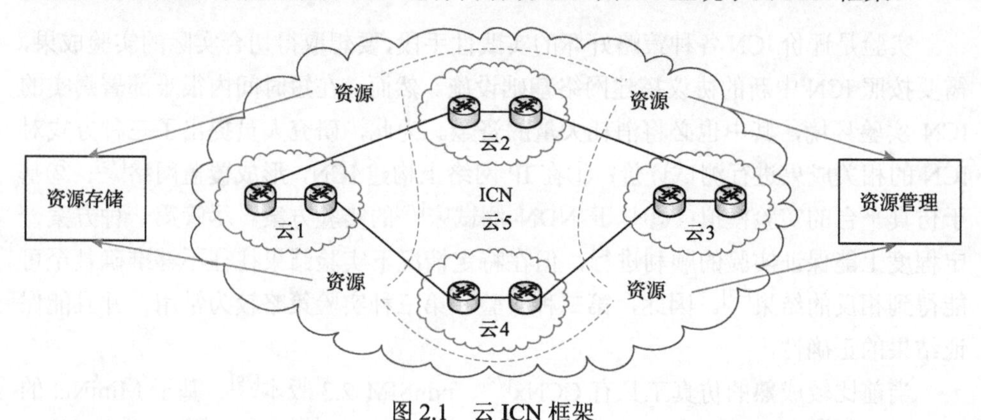

图 2.1　云 ICN 框架

2.3.2　网络功能虚拟化和 ICN

网络功能虚拟化(network function virtualization，NFV)是由电信网络运营商提出的，是指借助信息虚拟化技术，采用业界标准的大容量服务器、存储器和交换机承载各种各样的网络软件功能的技术标准。其核心思想是在一个物理网络构架中实现多种异构虚拟网络共存，这些虚拟网络能对物理网络中的资源进行共享[85]。ICN 在同一个物理网络中可能存在多种结构，它们各自为不同的应用服务或者被不同的商业实体运营，这就导致它们之间很难实现资源共享。另外，当 ICN 接入传统网络时，很大程度上需要虚拟化技术。因此 NFV 与 ICN 的结合势在必行，且将会产生以下几个好处：①使不同的 ICN 共享同一个物理链路上的资源，达到资源的有效利用(每个异构网络是相互孤立的，不会因为资源共享问题产生冲突)。②能够进行灵活的部署，多重 ICN 可以部署在一个物理链路上，也可以在多重物理链路上部署单个 ICN。因为 NFV 部署简单，基于软件的开发比硬件更具灵活性。③NFV 使网络功能从具体的硬件中分离出来，并在虚拟化的结构中运行。通过这种分离，ICN 能够更灵活、更简易、更快速地发起服务，并且可以减少甚至移除现有网络部署的中间件，从而降低成本、能耗和复杂性。④NFV 能够基于实际的流量、移动特征和业务需要等，在全网视图下对 ICN 进行实时网络配置、拓扑就近优化，并进行更好的资源调度。⑤由于 ICN 中存在大量的数据，而网络流量并非一成不变，它会在某些时刻达到高峰，某些时刻达到低谷。NFV 能通过合理的缓存管理，以合并负载或者位置优化等方式减少 ICN 能耗[86]。例如，NFV 能够将多个服务器的负载集中到一起处理，并关闭空闲服务器，达到节能效果。

2.3.3　5G 和 ICN

5G 是第五代移动通信技术，它的关键性能指标是体验速度、连接数密度、端到端时延、峰值速率和移动性等，其中，大规模天线阵列、超密集组网、新型多址、全频谱接入和新型网络架构等是它涉及的关键技术[87]。5G 的出现能够较好地促进 ICN 的发展，具体体现在处理移动性和安全性的单一协议问题上，还能通过单个平台来融合计算、存储和联网，进而提高缓存功能的灵活性[88]。

文献[88]提出了将无线网络虚拟化与 ICN 技术相结合，得到以 5G 为基础的无线 ICN 虚拟化架构，使 ICN 的数据平面有较高的可扩展性。文献[89]利用 5G 技术针对 ICN 的相关服务进行分发，其中，5G 提供了以应用为中心的网络分层，通过可编程计算、存储和基础设施去实现兴趣包在数据平面上的转发。

2.3.4　大数据和 ICN

大数据是指网络中产生的数量大到难以处理的数据，且这些数据具有类型繁多、价值密度低、速度增长快等特征，数据源除了不断增加的 PC，还有大量使用的移动终端、各种物联网设备等。多媒体和社交网络相关的应用压倒性地占据了网络流量，这类应用产生了海量的重复和冗余数据。如果不对现有网络架构做出有效改变，那么大数据很快会压垮现有的通信网络[90]。大数据为网络资源管理提供了一种新的、高效的解决方案，即用智能的、数据驱动的管理方法替代原有纯数学建模、计算的方法[91]。例如，利用大数据的技术手段分析用户请求数据之间的相关关系，根据相关性分析的预测结果指导缓存乃至替换策略，而不仅仅通过固定如 LRU 的方法执行缓存策略。反之亦然，即分析路由器中缓存的内容，提取其中的关联性，反向推导并预测出用户在某一个时段比较感兴趣的内容，进而放置在不同的缓存地点和开辟不同的缓存空间。

2.4　典型网络架构为 ICN 带来的优势

本节主要阐述典型网络体系结构的引入为 ICN 带来的优势。

2.4.1 DCN 和 ICN

数据中心网络(data center network，DCN)是将大量服务器用交换机和路由器等设备连接起来，组织成具有高带宽、高可用性、高可靠性及负载均衡的服务器网络，对外提供计算、存储等服务。DCN 的数据保存在数据中心，数据中心之间可以相互通信，保证网络中流量的均衡[92]。图 2.2 呈现了一个可行的 DCN 与 ICN 结合的框架。

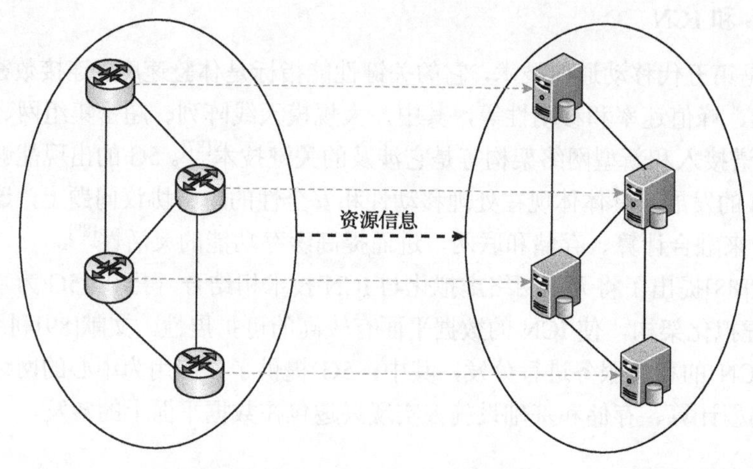

图 2.2　DCN 与 ICN 结合框架

将 DCN 引入 ICN，会给 ICN 带来以下几点优势：①在目前的网络环境下，完全实现 ICN 是比较困难的，而将 DCN 应用到 ICN 后，可在原有网络的基础上，验证 ICN 技术的可靠性。②DCN 中有专门的处理机制能够解决由 ICN 中资源庞大引起的负载均衡问题。③结合后的新网络能很好地支持 ICN 的扩展性。扩展性主要受限于内容名以及内容的检索时间，其中内容名检索可以在硬件中通过时间复杂度为 $O(1)$的哈希算法实现，而缓存命中率可通过 ICN 本身的缓存置换策略提高。④DCN 对外提供计算和存储的功能，可以对 ICN 进行便捷的资源调度，更好地管理 ICN 中的信息资源[93,94]。

2.4.2 SDN 和 ICN

基于 SDN 具有可编程以及虚拟化的能力，能够降低网络设备的生产成本以及部署成本；同时，SDN 将网络设备的数据层面与控制层面解耦，大大提高了网络设备的工作效率[95]。ICN 采用内容与地址解耦的设计模式，这与 SDN 的设计原理十分契合，然而，SDN 和 ICN 的结合需要解决缓存策略和内容路由两个方面的问题。具体地讲：①SDN 为 ICN 提供一套缓存管理框架，通过收集缓存的相关信息

(如请求频率、网络设备的缓存状态等)来帮助 ICN 执行缓存机制与路由决策。②SDN 控制模块承担了 ICN 中复杂的内容路由、内容定位及路径计算等相关工作，有效地降低了网络负载。③SDN 的 OpenFlow 协议提供了在线编程模块，这使得具有不同协议的网段之间的通信更加便利，降低了 ICN 的部署成本[96]。图 2.3 呈现了一个可行的 SDN 与 ICN 结合的框架，其中控制平面负责计算路由，数据平面只负责转发。

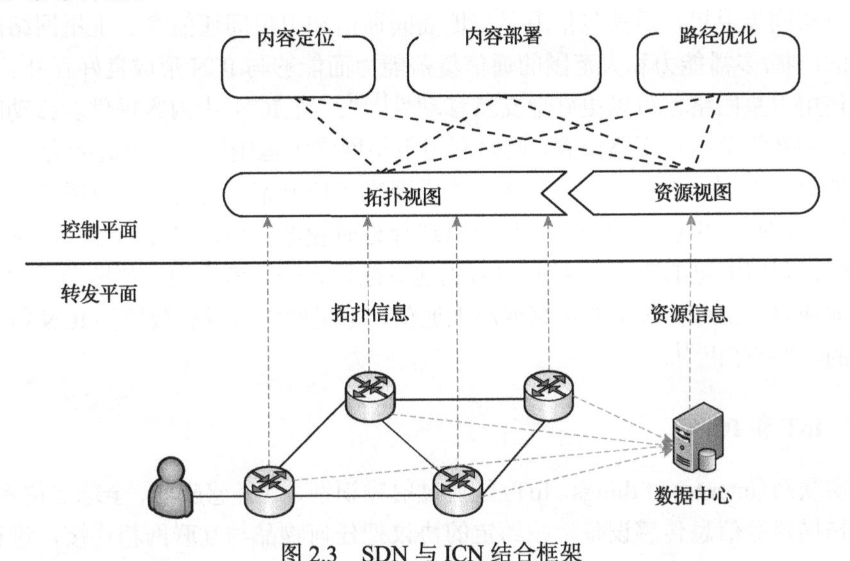

图 2.3　SDN 与 ICN 结合框架

2.4.3　MSN 和 ICN

移动社交网络(mobile social network，MSN)是一种考虑用户社交关系在内的移动通信系统，它试图在移动设备所建立的无线通信环境下转发数据[97]。ICN 关注的是内容，而内容反映了用户的兴趣请求。将 MSN 引入 ICN，利用其中的社交关系，能够发现 ICN 用户之间的内在联系，以此根据不同的用户需求建立一定个数的社交圈来帮助 ICN 路由[98]。具体地讲，同一社区的用户往往具有相似甚至相同的兴趣喜好，当用户发生兴趣请求时，他可以先查询自己社区内部是否存在所需内容。一定程度上，好的区域划分算法将会大大增加社区内部内容获取的成功率，而无须再转发兴趣请求到别的社区。

此外，MSN 能够较好地应对各种移动设备发生移动时的数据转发状况。由于移动设备的数量与日俱增，ICN 的部署和实施基本上要基于移动设备进行展开。虽然 ICN 内在地支持移动性，但是移动设备不断地加入或者离开网络会严重降低路由的效率，往往找到的内容由于设备的移动而无法被兴趣请求者顺利获取。更重要的是，ICN 内在地支持移动性指的是兴趣请求者的移动，而对于内容提供者的移动仍然不能很好地支持。MSN 能够通过无线通信技术解决 ICN 的这一问题，即便内容提供者离开网络或者新的内容提供者加入网络，MSN 都能够通过其中的社交关系计算重新得到这些内容提供者。

2.4.4 卫星网络和 ICN

卫星网络(satellite network)是利用卫星作为通信中继点的网络，卫星包括近地卫星与同步卫星，通信包括卫星与地面间通信和卫星间通信[99]。卫星网络因其内置的广播/多播能力和大范围的通信覆盖能力而能够与 ICN 形成良好互补。ICN 通过使用卫星网络，可以更好地支持移动性[100]。当 ICN 中内容提供者移动时，需要通知网络节点更新路由表，此时利用卫星网络大范围的通信覆盖能力与广播/多播能力，能够有效率地进行传达而不需要额外的开销与延时。卫星网络的应用使网络通信有了更优化的选择，如可以选择延时较低、传输可靠的地面网络传输兴趣包，利用卫星的广播/多播传输数据包。除此之外，考虑到一些场景不适合部署地面网络，如森林传感器网络或海上通信，卫星网络可以有效填补 ICN 将来部署中的一些空白[101]。

2.4.5 IoT 和 ICN

物联网(internet of things，IoT)是通过射频识别、红外感应器、全球定位系统、激光扫描器等信息传感设备，按约定的协议把任何物品与互联网相连接，进行信息交换和通信，以实现对物品的智能化识别、定位、跟踪、监控和管理的一种网络[102]。IoT 与 ICN 相结合，能够对 ICN 产生一系列的好处。首先，IoT 异构性很高，可以直接跨越网关进行信息传输，所以它的异构部署边界网关可以在 IP 和 ICN 之间进行桥接，给予网络的覆盖适用性。其次，IoT 具有较强的跟踪功能，将其应用到 ICN 中，能够确保兴趣请求者准确地发现所需要的信息，节省请求时间，同时可以及时更新节点中缓存的消息以减少节点中内存的占用。最后，IoT 通过服务管理系统提供近乎实时的网络状态信息，有利于及时更新网络中的数据，能够有效地解决 ICN 中内容移动时信息的更新难题[103]。

2.4.6 VAN 和 ICN

车载网(vehicle area network，VAN)是一种允许车辆与其他车辆、行人及基站互联的网络架构，其中涉及移动网络、卫星网络及传统通信网络等多个方面[104]。现有 VAN 解决方案主要是将传统的 TCP/IP 方案应用到 VAN 中，实现以下三种通信：车辆通信、车辆与基站通信、车辆与行人通信。

相对于传统网络，VAN 传输的数据较为单一；同时，VAN 是一种典型的内容导向网络。因此，VAN 在与 ICN 结合时，具有以下几点优势：①VAN 传输的内容相较于日常生活网络具有更高的稳定性，因而与 ICN 结合后既能够显著地降低 ICN 的缓存压力与内容更新速度，又不影响 ICN 的性能。②VAN 的部署成本低廉且自身传输的内容往往较为集中，可以作为较好的 ICN 载体。③VAN 属于典型的移动网络，与 ICN 结合能更好地发挥出 ICN 支持移动性的优势[105]。图 2.4 呈现了一个可行的 VAN 与 ICN 结合的框架。

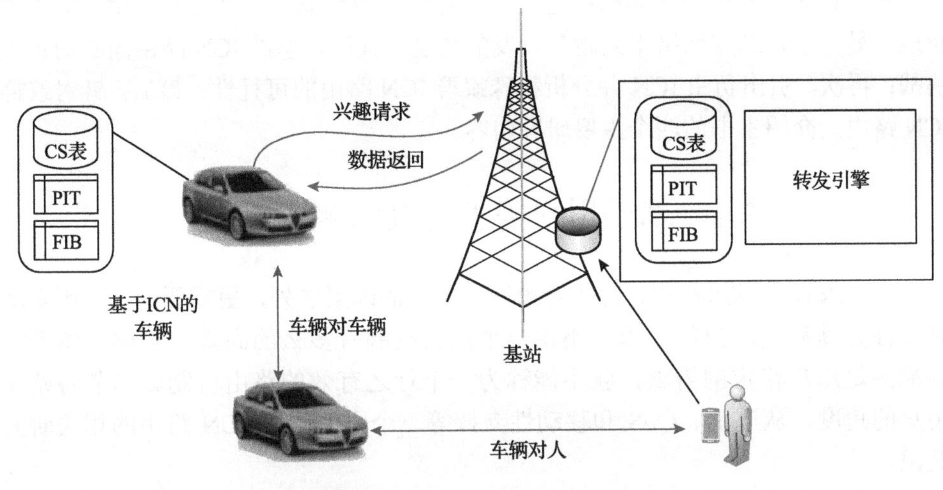

图 2.4　VAN 与 ICN 结合框架

2.5　本 章 小 结

本章重点介绍了 ICN 的缘由、典型架构和包括命名、网内缓存、基于名字的路由以及实验平台在内的四项关键技术。除此之外，结合当前的新兴技术(如云计算、NFV、5G 和大数据等)和典型网络架构(DCN、SDN、MSN、卫星网络、IoT、VAN 等)，分析了其对 ICN 产生的影响和带来的优势。

第3章　ICN路由和仿生ICN路由

本章首先从两个角度详细讨论ICN路由的研究现状：一个是站在用户需求的角度，另一个是站在网络中兴趣包转发的角度；其次，总结ICN路由面临的重大挑战；再次，引出仿生ICN并分析特殊蚁群ICN路由的可行性；最后，针对蚁群ICN路由，介绍本书的四个主要研究内容。

3.1　基于用户需求的ICN路由研究

在ICN路由的过程中，除了考虑网络本身的因素之外，更重要的一个因素就是要极力地满足用户的需求。不论一个路由机制有多么的高效、稳健，倘若它不能满足用户特定的需求，就不能称为一个行之有效的路由机制。本节将站在用户的角度，从节能、QoS和移动性支持等三个方面阐述ICN路由的相关研究概况。

3.1.1　支持节能的ICN路由

随着网络规模的不断增加，以及移动设备和终端的爆炸式增长，网络能耗呈现出指数增长形式。节能对于信息与通信技术(information and communication technologies，ICT)乃至于网络而言，已经备受国内外的高度关注，这不仅仅局限于当前的互联网，也包括未来互联网[106]。为此，2010年，互联网工程任务组(Internet Engineering Task Force，IETF)建立了一个专门的工作组去解决能耗管理问题[107]，这凸显了节能已经变得愈加重要。特别地，2014年，欧洲一些国家(如德国、波兰)和日本专门成立了绿色ICN项目组[108]，进一步彰显了节能在未来互联网中的重要性。

节能一般有两种方式：一种是器件级的，即提供节能的网络设备或者终端，这是由物理层面所决定的；另一种是系统级的，即发现节能的路径，减少流量的传输以达到节能的效果，这是由逻辑层面的路由算法所决定的。由于后者的弹性较大，尤其算法层面的节能高达75%[109]，支持节能的ICN路由具有较高的研究价值。

支持节能的ICN路由的大致思路可以分为三个方面：①通过缓存放置的方式减少不必要的路由过程，从而提高内容的获取速度。例如，文献[110]设计了基于内容流行度的缓存策略，在此基础上提出了缓存感知的节能方案。它的节能思想着眼于内容分布，对其进行能耗建模，并将其转化为最小化平均路由跳数问题。②设计合理的转发策略，将暂时不用的链路或者路由器进行休眠，从而减少流量的传输。例如，文献[111]～[113]，特别是文献[111]研究了节能管理，将其转化为一个混合的整数线性规划问题，进而提出基于对偶分解的完全分布式节能方案。在路由的过程中，对偶分解把集中的能耗控制问题转化成路由器状态、链路状态及链路上的流量分配等子问题。接着根据这些子问题，关闭一些冗余的网络设备以及不必要的链路，有效地实现了节能管理。③设计合理的存储/查询方式忽略不必要的查询条目，从而减少切换次数。然而遗憾的是对此还没有相关的研究工作，或许是因为这种节能方式并不能带来比较好的节能效果。不过这种节能方式给予我们一个启发，那就是要尽可能地减少查询次数和切换次数，这需要我们在设计 ICN 路由的过程中，更多地关注表的设计而不能一味在算法层面上寻求突破。

3.1.2　支持 QoS 的 ICN 路由

随着网络应用的不断涌现，用户的需求逐步呈现出多样化，对网络本身而言 QoS 支持也变得备受挑战。在支持 QoS 的网络中，用户能够通过抛出自己的需求来得到相对较高的体验质量(quality of experience，QoE)[114]。例如，视频会议(video conference)类型的请求通常要求高带宽、低延迟和低延迟抖动，因此用户能容忍偶尔的丢包；再如较大数据传输(bulk data transfer)类型的请求通常要求高带宽和零错误率，因此用户能够容忍较大的延迟。事实上，与传统尽力而为的服务模式相比，QoS 支持更加注重用户的感受和体验，这是相当有必要的。不仅如此，ICN 也迫切需要 QoS 支持，这是因为 ICN 中的应用类型已经远远超过了互联网下的传统应用类型，自然不能忽略 QoS 的存在。

尽管大多数 ICN 架构的初始考虑能支持 QoS，但在实施的过程中并没有添加真正支持 QoS 的相关机制[13]。为此，一些科研工作者开始着手 QoS 的研究，比较突出的是 QoS 路由，因为 ICN 更加注重内容的获取，即用户如何以高满意度的 QoS 获取不同的应用类型。

文献[113]对网络进行区域划分以增加路由的可扩展性。针对域内路由，采用多播的方式进行兴趣转发。针对域间路由，采用 ACO 的方式进行兴趣转发，其中包括两类蚂蚁：一类是普通的蚂蚁，它的信息素携带负载、时延、带宽等 QoS 参数信息，根据这些信息计算出口接口的优先级，并使用贪心算法选择转发；另一类是 Hello 蚂蚁，用于交流链路上的 QoS 数据，以达到实时更新链路状态发现新路径的目的，有效地避免了贪心算法的不足。文献[115]设计了三种 QoS 感知的路由机制：①从多个内容提供者获取内容，且最小化聚合带宽；②为高带宽的应用选择通往一个内容提供者的过程中具有最高带宽的路径；③最小化传输实时流量的时延。文献[116]设计了一种 QoS 驱动的多路径路由机制，同步考虑了出错率、带宽和路径个数三个约束条件，它能有效地解决高带宽、低出错率要求的视频点播应用。文献[117]设计了支持带宽、延迟和代价需求的多约束 QoS 路由机制，在保证用户满意度良好的情况下具有较好的交付率。

3.1.3 支持移动性的 ICN 路由

ICN 内在地支持移动性，然而它仅仅支持路由过程中的兴趣请求者移动，并不支持内容提供者移动，这无疑对 ICN 的路由提出了严峻的挑战。为此，一些支持移动性的 ICN 路由机制已经相继开展，大致分为五个主要的研究方向：①基于网络嵌入和拓扑感知的方案。例如，文献[118]采用前缀嵌入策略降低网络开销，而采用拓扑感知的策略分散网络负载。如此一来，无论内容移动到哪里，兴趣请求者都能通过拓扑感知策略找到移动后的内容提供者。②基于代理节点的方案。用户只需发送兴趣请求到它的代理节点，而不需要关注它是否与其他内容提供者存在连接[119]。③基于汇聚点的方案。汇聚点存储了通往内容提供者的信息源，而这个信息源正是内容名解析的结果。④基于虚拟坐标的方案。文献[120]提出了基于贪心的路由方案解决内容提供者移动。首先，为每个路由器设定一个虚拟坐标；其次，通过贪心算法将虚拟坐标映射到一个目的地址；最后，通过嵌入算法解析出内容移动的位置。⑤基于蚁群的方案。例如，文献[121]设计了动态 ACO 的方案解决内容移动问题，它假设移动的内容在移动的路径上撒下信息素，自然地，兴趣蚂蚁能够根据信息素寻找到移动后的内容提供者。

3.2 基于转发的 ICN 路由研究

由于互联网的路由是有状态的而每一跳的转发却是无状态的(根据 IP 地址有目标的寻找)，所以相应的寻路过程要依靠路由表的查询。然而，ICN 的路由是无状态的而每一跳的转发却是有状态的(根据内容的名字进行无目标的寻找)，所以相应的寻路过程要依靠 FIB 的查询。这意味着 ICN 路由依靠的是分布式逐跳的兴趣转发而非一蹴而就的路由解析，因此，ICN 中的路由往往又称为兴趣的转发，即无论如何都要进行 FIB 的查询从而选择接口转发兴趣请求。

3.2.1 基于洪泛的兴趣路由

洪泛法解决 ICN 路由旨在向节点(路由器)的所有出口接口转发兴趣请求，虽然它最终能够获取内容，但是兴趣的过度转发给网络造成了严重的负载；甚至在一定的约束条件下，也给内容的获取造成不必要的麻烦，如无法或者很难获取最近的内容副本。

文献[71]指出存储在路由器中的路由状态信息减少，尤其在 FIB 容量不足的情况下将会导致兴趣洪泛持续增加甚至网络拥塞，为此，提出了基于簇的路由方案减少兴趣洪泛。它的主要思想是采用聚类技术来降低网关路由器以及高层次路由器 FIB 的请求率，以减少兴趣请求的次数。事实上，不同于互联网中大文件方式的存储，ICN 中的内容往往呈现出细粒度特征，即大的内容通常被划分成多个较小的块，这样能够在一定程度上均衡网络的负载，也便于内容的传输。然而，一旦某一块甚至某几块内容丢失，这将引起连续的洪泛，以此寻找该丢失的内容块。为此，文献[122]充分利用块与块之间的相邻关系，提出了块感知的方法去减少不必要的兴趣洪泛。它的主要思想是当一个块被请求时，其余相关的邻居块都做出反应，因为用户对其中一个块感兴趣也必然对其他剩余的块感兴趣，只有这样用户才能获取完整的内容。如此一来，就没有必要再发送多余的包去请求剩余的内容块，毋庸置疑地减少了兴趣洪泛。

众所周知，洪泛路由存在于每一种网络体系结构中，然而遗憾的是它并不能起到优化整体网络性能的作用。因此，在不断发展的研究浪潮中，洪泛路由技术逐渐被淘汰。当然，如果从网络安全的角度去思考，那么洪泛攻击往往被人们认为是行之有效的方案。

3.2.2　基于最优接口选择的兴趣路由

通常情况下，每个类型的内容在 FIB 中都会有多个转发接口，这也是 FIB 呈现出爆炸式增长的原因之一。当内容路由器(content router，CR)接收到兴趣请求时，若 CS 表和 PIT 中都没有找匹配的条目，则转向 FIB 寻找转发出口。在传统 ICN 路由中，如果 FIB 中不存在匹配的条目，则路由失败。然而，新兴的内容类型越来越多，且用户对时延的要求也越来越高，因此，目前更多的研究是在 FIB 中不存在匹配条目的情况下，如何选择以及选择哪个或者哪些接口进行兴趣转发，以达到高效利用兴趣请求的目的。按照转发接口的个数来分，主要包括全部接口转发的兴趣洪泛、某几个接口转发的多径路由以及单个接口转发的单路径路由，其中最后一种路由形式较具有挑战性，原因如下：①就局部而言，需要选择一个合理的算法考虑一些相关的或者不相关的因素，对所有的转发接口进行优先级排序，这里面有很多不确定因素，如链路状态的实时变化、诸多因素之间的关系建模也有较大的弹性。②从全局来看，最优接口的选择只不过是相对于每一跳来讲的，即贪心的；如何确保全局最优，即获得最合适的内容副本，这仍然亟待研究。因此，这种选择最优接口转发兴趣请求的方式，又常常称为启发式路由。

对此，已经开展了许多的研究工作，其中文献[68]率先提出 ICN 路由中的兴趣转发策略。接着，文献[25]给出一些 ICN 路由相关的综述，指出路由和命名是紧密相连的。随之，文献[123]提出了假性盲目路由；文献[124]提出了基于布隆过滤器的路由；文献[125]提出了层次化 Hash 路由。然而，它们都是在对内容名的结构进行设计的基础上建立的路由方案，这充分说明了命名策略的设计能够有效地改善路由的效率。就仅仅转发而言，文献[67]提出了自适应路由；文献[72]提出了动态 Q 值的路由；文献[126]提出了基于内容流行度的路由；文献[127]提出了基于拥塞控制的预处理路由。

3.2.3 基于缓存感知的兴趣路由

基于缓存感知的路由，顾名思义是利用缓存感知技术帮助 ICN 路由，这是 ICN 路由的一大特色，因为 ICN 不同于当前的互联网，它内在地支持网络缓存。具体地讲，ICN 路由包括两个兴趣路由和数据路由阶段。缓存感知的兴趣路由相当于把数据路由的一部分提到兴趣路由之前，对网络进行一些有关缓存的初始化操作(如内容分布位置)。这样一来，缓存感知的路由就包括三个阶段：一是缓存初始化，二是对兴趣的路由，三是对数据的路由，且第一阶段是提前优化兴趣路由，第三阶段是后续优化兴趣路由；尤其当请求相同或者相似内容时，第三阶段将发挥重大的作用。

文献[128]提出了缓存能力感知的路由，主要包含缓存能力的评估、缓存选择和路由三个部分。其中，缓存能力表现的是缓存的利用率，它通常取决于缓存的大小、缓存的位置及缓存的管理技术。针对一个路由器的缓存能力，文献[128]给出如下计算方式：

$$\mathrm{CCV} = \frac{c}{L} \times \mathrm{Cache}_{\mathrm{size}} \tag{3.1}$$

其中，L 是累积缓存内容的总量；$\mathrm{Cache}_{\mathrm{size}}$ 是路由器缓存空间的大小；c 是补偿参数，用来防止 CCV 过大或者过小。

缓存选择关注于缓存内容的副本，即怎样缓存以及缓存多少内容，主要包含两个阶段。第一，若一个路由器有最好的 CCV，即 $\mathrm{CCV}_{\mathrm{highest}}$，则它一定用于缓存；第二，若一个路由器的 CCV 达到一定的阈值，则用于缓存，即

$$\mathrm{CCV}_{\mathrm{th}} = \mathrm{CCV}_{\mathrm{highest}} \times w \tag{3.2}$$

其中，$\mathrm{CCV}_{\mathrm{th}}$ 是 CCV 的阈值；w 是由内容提供者发出的权值。

路由部分，如果路由器不缓存内容，则创建一个临时的 FIB 条目，将通过它将内容转发到具有最高 CCV 的路由器。

文献[129]提出了缓存潜能感知的路由去提高缓存的命中率，它是在确保能够获取内容副本基础之上提出的辅助路由机制；文献[130]提出了基于缓存替换策略的路由机制去平衡缓存负载以及减少由频繁替换带来的缓存冗余。

从近几年的文献可以看出，对缓存的研究与日俱增，虽然它们多数不站在路由的角度，却实际上又都是在为路由服务[61]，这充分说明了缓存对路由的重要性，这也正是 ICN 支持网络缓存的一个重要意义。话虽如此，着眼于路由，如果能在设计较好缓存机制的基础上，设计出具有自适应的且完整的路由机制，那么将使 ICN 路由取得关键性突破成为可能。

3.2.4　基于 SDN 的兴趣路由

SDN 的雏形是由斯坦福大学提出的，它能克服互联网的一些缺陷，如增进网络管理、流量控制、数据处理等，这是由 SDN 两大优势所决定的：①SDN 打破了纵向一体化，实现了控制平面与数据平面的分离[131]；②SDN 交换机仅仅具有转发功能，所有的计算都交由上层控制器，并由它集中地管理整个网络。尤其在工业界，如 Yahoo、Google、Facebook、Cisco、Microsoft 等公司都在 SDN 上有充分的涉足，这说明 SDN 的价值与 ICN 一样已经得到了广泛的认可。正如 2.4.2 节所讲，在 ICN 中引入 SDN 的思想能够有效地提高 ICN 的性能，这其中就包括控制平面与数据平面分离的集中式管理对 ICN 路由的优化。

近年来，就 SDN 与 ICN 的结合而言，已经产生了一些新的且具有可塑性的路由方案。文献[132]提出了一个可行的体系结构，它在 OpenFlow 与 ICN 之间设计一个可靠的 Wrapper 层，用于把内容名映射到一些字段，而这些字段交由 OpenFlow 处理，从而在 OpenFlow 上实现了 ICN 的若干功能；特别地，这个过程并不改变 OpenFlow 的协议设计。文献[133]假设 ICN 路由协议在 IP 之上并且 ICN 的兴趣请求能够转化成用户数据报协议(user datagram protocol，UDP)或者传输控制协议(transmission control protocol，TCP)，它确保 SDN 控制器能够为 ICN 请求提供合适的转发状态。这个过程中仅仅支持了 IP 转发，而不需要 ICN 路由协议的相关信息；实际上，这相当于对兴趣请求字段进行了重新设计。文献[134]在 SDN 的帮助下，充分地扩展了 ICN，如 IP 的集成、路由的可扩展性、域间路由协议、传输机制等。然而，文献[132]～[134]的研究工作都基于 TCP/IP，而 ICN 仅仅作为上层的覆盖网出现。为此，文献[135]提出了全新的基于 SDN 的 ICN 的路由方案，彻底摆脱了 TCP/IP 的束缚。

3.2.5　基于域的兴趣路由

域的概念早在开放最短路径优先(open shortest path first, OSPF)中就已有所涉及，只不过那时候它的名字为AS。众所周知，域的引入能够很好地解决可扩展性问题，把一个大的网络划分成多个不同的域，就能将一个网络内的问题转化成域内以及域间问题。事实上，域划分的思想能够有效地改善ICN的路由效率。具体地讲，一个域有相似甚至相同的内容，以此减少了不必要的路由，即在同一个域内能够找到内容，就不需要再向其他的域转发兴趣请求。然而问题的关键是如何找到一个可行、准确、高效的方法进行域的划分。一个好的划分方法能够使大部分兴趣请求不需要进行域间路由，相反，一个较差的划分方法则有可能使大部分兴趣请求都需要进行域间路由。

由于参考属性的不同，域的划分方式可以分为两大类：一个是物理划分，即将一个网络拓扑进行区域性的分块，且每一个区域内的路由器是连通的，如传统的AS；另一个是逻辑划分，即根据用户请求反映出来的兴趣将一个网络划分成看似不成规章的若干个区域，且每一个区域内的路由器可以是不连通的。

就物理划分而言，文献[136]用互联网服务提供者(internet service provider, ISP)管理一个域；文献[137]用一个边缘路由器管理一个域；文献[138]用一个定位符管理一个域。虽然它们一定程度上有助于ICN路由，但是却没有对域内的内容实现有效的存储和管理。因此，文献[54]采用SDN和区域划分思想，分析路由器中内容的相似关系，并把一个域内的内容存储到一个信息管理中心，彻底地将转发从CS表、PIT和FIB中解脱出来。然而，文献[54]和文献[136]～[138]都是基于局部信息进行的区域划分，ICN路由效率的提升并未发挥到淋漓尽致；这是因为ICN的兴趣请求率异常庞大且反复频繁，所以基于动态信息的区域划分应该及早研究。就逻辑划分而言，仅仅文献[139]提出了基于虚拟域的方法，即通过哈希的方式将下层的物理拓扑映射到上层不同的虚拟路由器中。

3.2.6　基于蚁群的兴趣路由

基于蚁群的兴趣路由是一种具有自发性、随机性的转发，这与SDN所采用的集中式控制管理恰好相反。文献[140]扩展ICN体系结构去支持服务路由，它采用ACO算法设计了一种分布式的方案去搜集服务信息，从而把服务请求转发到最好的服务提供者；然而，文献[140]假设最好的服务提供者是已知的，相当于互联网环境下已经解析了IP地址，这违背了ICN路由中服务提供者/内容提供者是未知的事实。此外，文献[140]没有考虑内容的特征类型，也没有对兴趣蚂蚁的数量进行一定的分析监管。为此，文献[141]联合ACO算法与遗传算法(genetic algorithm, GA)对文献[140]做了改进，它首先利用GA快速的全局搜索能力去初始化内容分布，然后利用 ACO 算法分布式并行的搜索能力去获取最优解；然而，文献[141]仅仅使用了蚂蚁的正反馈特征却忽略了蚂蚁的多样性特征，并且提出的方案也未得到验证。

不仅文献[141]，文献[115]也没有考虑蚂蚁的多样性特征，因为它一直通过具有最高转发概率的出口接口转发兴趣蚂蚁，很大程度上造成某些链路严重负载。文献[142]提出了多径传输路由，它支持数据流的多链路传输且能够获得较高的吞吐量；然而，文献[142]向所有路由器转发兴趣请求，虽然使用了蚂蚁的多样性特征，但是忽略了蚂蚁的正反馈特征。

文献[113]引入 ACO 算法去自适应地减少链路故障、网络拥塞、拓扑动态变化等因素带来的影响，它生成两类兴趣蚂蚁完成路由优化：一类用于发现所有可能的路径并选择一条最具潜质的优化路径；另一类是强化被优化的路径，使它满足带宽、延迟、延迟抖动等约束；然而，文献[113]提出的两阶段路由增加了路由时延且占用了大量的资源。文献[143]和文献[144]提出的路由策略克服了文献[113]的不足，并且能进一步平衡网络的负载。

文献[145]和文献[121]针对 ICN 的移动性问题提出了基于 ACO 算法的路由机制，只不过文献[121]不能确保获取到最合适的内容副本，而文献[145]能以接近100%的成功率获取到最近的内容副本。

事实上，除文献[121]之外，以上提及的文献都是基于离散的信息素更新模型，这不符合实际的蚂蚁觅食过程。为此，文献[121]、[146]、[147]提出了连续的信息素更新模型。尤其，文献[146]全面地考虑了 CS 表、PIT 和 FIB 的设计；文献[147]模拟求解旅行商问题(travelling salesman problem，TSP)，把兴趣相似关系看作一个重要的启发因子来引导兴趣蚂蚁的转发。

基于蚁群的 ICN 路由机制已经被广泛认可，基于其他的仿生方案也在进行中，只不过研究缓慢，效果不佳。据作者所知，仅仅文献[117]提出了基于粒子群的仿生方法，它应用粒子的转发经验管理并维持 FIB 每个接口的转发概率。其实，这与现存的基于 ACO 算法的路由机制一样，仅仅是站在转发的角度。

3.3　ICN 路由面临的挑战

ICN 路由能够更好地支持多路径内容传输，然而却不同于 IP 的多路径路由。IP 多路径指的是在源端与目的端之间存在不止一条路径且选择最好的路径；ICN 多路径指的是存在多个内容提供者为兴趣请求者提供内容且路由器通过向多个接口发送兴趣请求，这是由 ICN 支持网内缓存和多播所决定的[148]。当前，ICN 路由正面临着严峻的挑战，下面将着重选择几个角度进行详细的阐述。

3.3.1 FIB 的急剧扩张

FIB 是 ICN 路由中最关键的一个部件，它相当于互联网中的路由表，进行有状态且自适应的转发。ICN 是基于名字的路由而非被动的地址分配，路由器积极主动地发布(实际上最初是由服务器发起的)它想提供内容的名字前缀，然后这些发布的数据包在整个网络内进行传播，最后路由器根据接收到的数据包建立 FIB[149]。然而这种建表的方式势必引起 FIB 的急剧扩张，原因在于 ICN 的名字是可变长度的且它的内容命名是任意的。进一步地，这将严重影响 FIB 的可扩展性，继而导致低的查询效率和路由效率。

3.3.2 最近内容副本的获取

ICN 不同于互联网的一个最大优点就是网内存在多个可提供内容的内容提供者，而兴趣请求者意想寻求一个最近(最合适)的内容副本。什么是最近，这要视具体需求而定。抛开用户的因素来讲，最近的内容是由与请求者距离最近的内容提供者发出的。如果考虑用户满意度、体验质量等一系列具体的需求，那最近一词就很难定论了，因为用户的满意度、体验质量等本身就是模糊的描述，很难精确地刻画[150]。如果再考虑网络自身的因素(如能耗、负载均衡等)，那么建立一个能够获取最近内容副本的路由机制是很难的。因此，大多数情况下，在考虑用户和网络因素时，内容提供者所提供的最近内容副本是很难寻觅的。

3.3.3 内容的均匀分布

ICN 路由的第二阶段是由内容提供者发出数据包，继而携带内容返给兴趣请求者。然而，问题是若请求的内容不是一个集中的目标块而是分布在不同路由器上的多个相互独立的目标块(这是由 ICN 分布式缓存的方式所造成的)，这将对 ICN 路由提出严峻的挑战。另外，若请求的内容过大，已经远远超出了某些链路的传输能力，那么内容提供者势必要产生更多的数据包，以协作的方式发给兴趣请求者[151]。这样一来，路由过程中要确保所有的数据包有序地到达并组装成完整的内容是很困难的。总体来讲，分布式缓存所带来的单内容多宿主存储的现象和较大内容无法在某些链路上传播的现象一定程度上会降低 ICN 路由的效率，是亟待解决的重要问题。

3.3.4 移动性的支持

ICN 的移动性包括兴趣请求者移动和内容提供者移动，并且 ICN 内在地支持移动性指的是兴趣请求者移动而非内容提供者移动[152]。一般而言，兴趣请求者移动较容易实现，因为移动用户不需要更新他的位置信息，进而能够通过发送新的兴趣请求寻找所需的内容[153]。相反，内容提供者移动较难实现，一旦内容提供者发生移动，在没有附加策略去更新他的位置信息的情况下，实时的服务很难被获取[154]。事实上，ICN 的移动性主要面临两个问题：一是无论内容如何移动，兴趣请求者都能获得所需的内容(或从原来的内容提供者或从新的内容提供者获得)；二是如何减少发现内容时刻与提供内容时刻之间的时间差，即切换时延[155]。

3.3.5 大规模网络的应用

每一种路由策略都会面临一个严峻的考验，即是否能够应用于大规模的网络，ICN 路由更是如此。在大规模的网络中，路由器需要处理更多的信息，无论是查询 CS 表、PIT 和 FIB，还是选择转发抑或是存储都需要花费更多的时间，这都将迫切需要所涉及的路由策略能够准确、快速、稳定地为兴趣请求者获取所需的内容。另外，由于 ICN 路由协议是在 OSPF 基础之上改进的[72]，网络规模越大，其信息收敛的速度势必更加缓慢，这将大大降低路由的效率。

总体来说，无论是哪一种形式的挑战，ICN 路由的关注点总结起来不外乎两个方面：一是有效的兴趣转发而非一味的洪泛；二是确保网络的可扩展性而非仅仅的内容可用性。

3.4 仿生 ICN 路由的研究背景

ICN 路由问题备受国内外研究学者的高度关注，本节将着重回答以下两个问题：①基于仿生学思想的 ICN 路由是否可行(即仿生 ICN 的开展)？②为何蚁群生态系统能用于解决 ICN 路由(即蚁群仿生 ICN 路由的提出)？

3.4.1 仿生 ICN 路由的开展

针对计算机领域的仿生研究思路，大致分为三个方向，即仿生系统(bio-inspired system)、仿生网络(bio-inspired networking)及仿生计算(bio-inspired computing)[156]，如图 3.1 所示。仿生系统是通过模拟生物的生态系统而构建的，需要适应并学习如何对未知的场景做出实时的反应；仿生网络是根据生物内在的特性为用户提供新的服务和应用；仿生计算是通过模拟生物的特殊行为进行相应的数学建模，进而映射到网络中执行一些必要的操作，如资源分配、任务调度等[157]。其中，仿生系统和仿生计算的研究有了成功的突破并且已经应用到大量的实际生产中去，如神经系统、神经计算是一个比较系统的案例。尽管业界和学术界一再呼吁仿生网络[158]，然而针对仿生网络的研究却进展缓慢，迟迟未见好的成果，到最后也都逐渐偏向了仿生计算而忽略了网络本身的特征[159-161]。

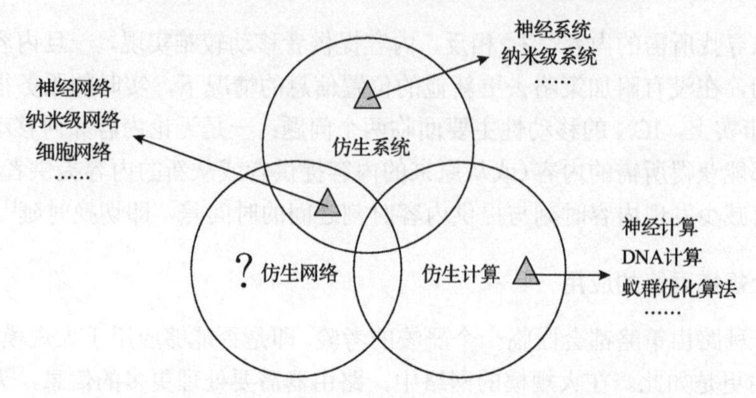

图 3.1 仿生方法的研究方向：仿生系统、仿生网络和仿生计算

基于仿生学的方法大致有如下几个主要的特征，即自演化(self-evolution)、自组织(self-organization)、协作(collaboration)、生存能力(survivability)、自适应(adaptation)等[162,163]。首先，仿生通过自演化能力适应外界以及内在不断变化的环境，同样地，它也能够解决 ICN 中 FIB 急剧增长的问题；其次，仿生通过自组织能力进行种群之间的配合，从而智能地获取最近的内容副本；再次，仿生通过个体与个体的协作完成内容的均匀分布，从而降低网络的负载；然后，仿生有能力快速地从故障中恢复过来，充分体现了它的生存能力，在 ICN 中，移动性问题可称得上一类典型的网络故障，因此，基于仿生学的方法能够有效地解决其移动性问题；最后，仿生通过对外界环境的适应和不断的学习，能够很快在大规模网络中进行扩展[164]。事实上，以上所提及的五个重要特征往往不是单独存在的，大多数时候是共存的，即个体与个体间进行协作、组织，进而对外界(内在)环境进行适应、演化。通过上述分析，可见采用基于仿生学的方法解决 ICN 的路由问题在理论上是可行的。

仿生应用于求解 ICN 的路由问题大致可以分为如下三个步骤：①分析所要解决的网络问题，选定所需的具体仿生策略；②将生物系统的主要模块映射到网络中，建立相应的数学模型；③根据生物本身自带的行为并加以改进从仿生计算角度上得到实际的解[165]。这三个步骤分别对应于仿生的系统、网络和计算三个不同的层面，这是一套成体系且较为正统的基于仿生学求解大部分实际问题的方案。然而，近年来针对仿生的研究却停步不前，即首先把复杂的网络问题归结成一个 NP 难问题，然后根据仿生计算进行求解。事实上，基本上所有的仿生方案都能够解决 NP 难问题，可这种仿生求解的应用似乎就显得低级了许多。本书从网络层的角度考虑了 ICN 的路由问题，并非仅仅局限于仿生计算。

3.4.2 基于蚁群的 ICN 路由的提出

基于仿生学的智能方法很多，如 ACO 算法、螳螂算法、果蝇优化算法、萤火虫算法、遗传算法、基因算法、粒子群优化算法、细菌算法、人工鱼群算法等。经过分析，我们认为把 ACO 算法应用于 ICN 路由比较合适。

蚂蚁是生物系统中最常见的群体之一，它们看似没有集中的指挥，却能够协同工作、集中食物、繁衍后代。蚂蚁群体具备寻找食物、任务分配、构造墓地等三种典型的社会行为，因此，它们才能够较快地筑起漂亮的巢穴。在自然界中，蚂蚁总是在所经过的路径上连续不断地留下信息素，从而根据信息素的浓度进行协作觅食。蚁群算法于 1992 年被 Dorigo[11]提出并于 1996 年[166]被其进一步扩展，它具备分布式计算、自组织、正反馈、多样性等特征。其中，ACO 算法最为经典的应用是求解 TSP，实践证明，它能够得到源端到目的端的最短路径。下面从五个方面详细阐述把 ACO 算法用于求解 ICN 中的路由问题进而提出基于蚁群的 ICN 路由(ACO-inspired ICN routing，ACOIR)机制的原因。

1. “what”而非“where”

ICN 关注内容本身而不需要解析该内容的 IP 地址，即兴趣包用于寻找内容而不知道内容身在何处(内容提供者对于兴趣请求者是透明的)。反之，当发现内容时，内容提供者产生数据包为兴趣请求者提供内容，他亦不知道兴趣请求者到底在何处(兴趣请求者对于内容提供者而言是透明的)。在蚂蚁系统中，ACO 算法关注于蚂蚁所请求的食物是什么，它们不知道食物到底散落在哪些地方(食物对于蚂蚁是透明的)。反之，当发现食物时，蚂蚁聚集起来搬运食物返回巢穴依然通过信息素，亦不知道巢穴到底坐落在何方(蚂蚁对于食物是透明的)。以此看来，在关注点上二者是不谋而合的，并且具备形式上的统一。

2. 命名方式

ICN 依赖于内容命名的路由，其中名字是唯一的、持久的、可用的及真实的。在 ACO 算法中，食物的名字存在于自然界，也是独一无二的，蚂蚁根据食物的气味(不同的食物有不同的气味)进行觅食。此外，在 ICN 中，用户需要的内容是多种多样的，因此内容的类型也各不相同。同样地，在 ACO 算法中，食物的气味也各有所异，不同气味的食物会对蚂蚁做出不同的诱导。以此看来，二者在命名的方式上以及内容的多样性上都是统一的。

3. 消费者(兴趣/蚂蚁)驱动

在没有接收到兴趣请求之前，内容提供者不主动提供内容，因为他不知道提供什么样的内容也不知道提供给谁。因此，兴趣请求者欲想得到内容必先自己发出兴趣请求，而不能“守株待兔”，只有如此才会“触动”内容提供者。此外，内容提供者也无须理会是何人请求的内容，它只需提供满足要求的内容即可。对于内容提供者而言，正所谓是“你不动我不动，你动我视情况而动”。同样地，食物亦不可能自己主动地“揣测”出蚂蚁的需求，而是要等待蚂蚁主动地寻找。对于食物而言，它仅仅需要满足蚂蚁的各种需求而无须理会到底是哪只蚂蚁想要得到它。以此看来，ICN 的内容获取和蚂蚁的觅食由消费者驱动方能成功。

4. 移动性支持

ICN 内在地支持移动性，主要是指兴趣请求者移动，即不论兴趣请求者移动到何处，内容都能被发送到原来的兴趣请求者(除非已经脱离该网络)。这里特别指出，ICN 不支持内容提供者移动。同理，无论食物移动到何处，蚂蚁都能通过它们的协作、自组织、自适应等方式找到该食物；接着，无论它们的巢穴是否发生移动，蚂蚁总能搬运该食物返回到之前的巢穴。以此看来，二者对移动性的支持都是内在的、天然的。

5. 多源(内容/食物)副本

由于网内缓存的因素，ICN 中存在着多个内容副本，而路由意图获取最近的内容副本。相似地，ACO 算法中存在多个食物源，一段时间后所有的食物源上都会聚集一些蚂蚁，当达到一定的时间后，仅有一个食物源上基本聚集了所有的蚂蚁，而这个食物源恰好就是最近的食物源。以此看来，二者都具备多源特性且都是寻找最近的目标。

通过以上五个方面的分析，可以看出 ACOIR 机制是可行的。其他仿生算法，如螳螂算法、果蝇优化算法、萤火虫算法、遗传算法、基因算法、粒子群优化算法、细菌算法、人工鱼群算法等不完全符合 ICN 的以上典型特征，因此不如 ACO 算法更适合求解 ICN 中的路由问题。

特别地，在 ACOIR 机制中蚂蚁可以分为兴趣蚂蚁和数据蚂蚁两类，兴趣蚂蚁相当于兴趣包，数据蚂蚁相当于数据包，巢穴即兴趣请求者，食物源地点即内容提供者。

3.5　基于蚁群 ICN 路由的研究内容

本书主要研究基于蚁群的 ICN 路由机制，与此同时也引入了移动性、相似关系、密度聚类、区域划分等相关问题和技术手段，其中包括系统框架的建立、路由机制的设计实现、理论分析、性能评价等内容。图 3.2 展示了本书四个方面的主要研究内容。

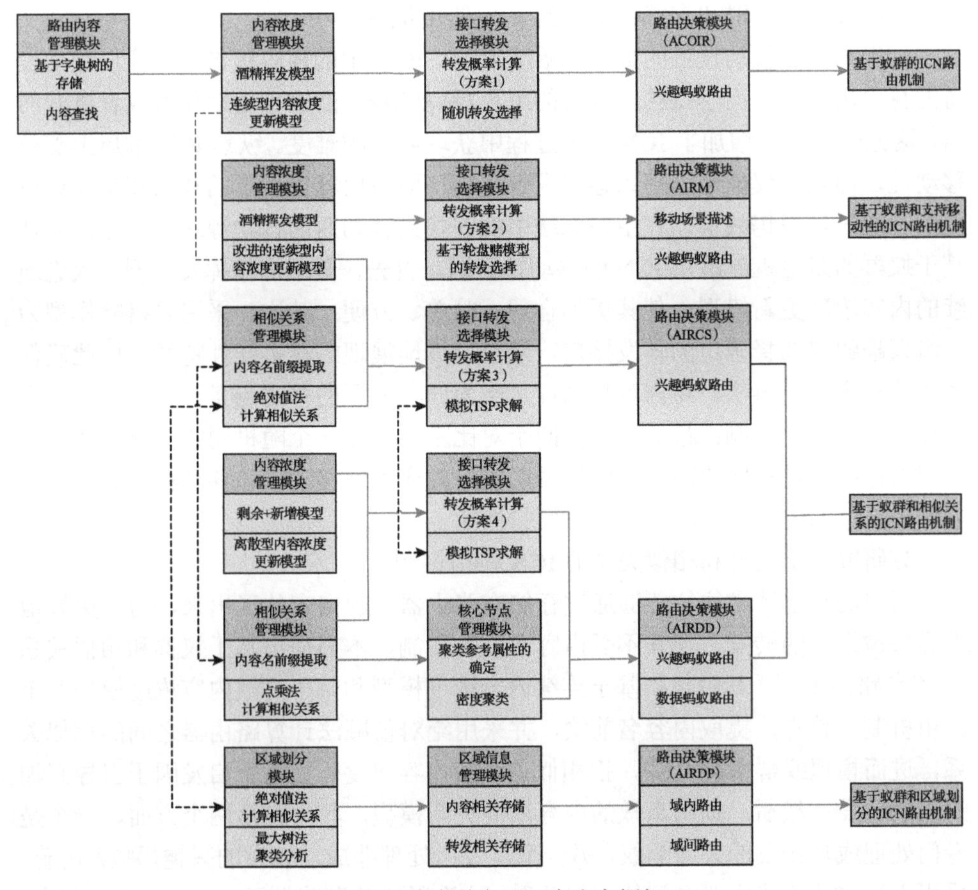

图 3.2　本书的主要研究内容框架

1）研究基于蚁群的 ICN 路由机制

传统的 ICN 路由正面临着一系列的问题，如路由表的爆炸式增长、难以获取最合适的内容副本以及内容无法找到需要重新发包等。针对这些不足，本书提出基于蚁群的 ICN 路由机制。首先，将蚂蚁群体系统的一些重要模块映射到 ICN 路由场景中去，实现二者之间的完美结合。其次，设计三位一体的路由方案，即从 CS 表的存储到 PIT 的内容感知再到 FIB 的转发决策。其中，对于 CS 表设计基于字典树的存储/查询结构；对于 PIT 设计基于酒精挥发的连续型内容浓度模型，这区别于传统的离散模型；对于 FIB 设计基于概率的转发策略，考虑蚂蚁正反馈和多样性特征的平衡。再次，分析算法的时间复杂度，证明所提机制的有效性；此外，分析算法的收敛性，证明所提机制的可行性和稳定性。最后，在两个实际网络拓扑上进行验证，并与其他几个较为成熟的算法进行对比，实验结果表明该机制能够获取最合适的内容副本并且有较好的性能。

2) 研究基于蚁群和支持移动性的ICN路由机制

近年来由于移动设备的数量大幅度增加，ICN中的内容提供者往往以移动设备的身份出现；然而手持移动设备的用户(移动用户)能够自由地加入或者离开网络，这无疑大大地增加了ICN路由过程中获取内容的难度。纵然ICN本质上支持移动性，但它仅仅能够处理兴趣请求者移动，面对内容提供者的移动却是无计可施的。通过模拟蚂蚁群体在生态系统中能够找到移动后的食物源这一现象，设计基于蚁群的路由机制解决ICN的移动性问题。首先，基于酒精挥发模型，改进连续的内容浓度更新模型，使其更加合理、简单、方便；其次，采用轮盘赌模型为一组兴趣蚂蚁选择确定的转发接口，避免过度地展现蚂蚁多样性特征，以此确保系统的稳定性；再次，将内容移动性总结为四种典型的移动场景，并在其基础上设计统一的路由机制；最后，选择四个对比基准，在一个随机网络拓扑和四个实际网络拓扑上进行实验对比，结果表明无论内容如何移动，该移动性机制都能获取到最合适的内容副本，且具有较好的性能。

3) 研究基于蚁群和相似关系的ICN路由机制

用户的兴趣请求往往能够通过存储在路由器中的内容体现出来，为了更好地引导兴趣蚂蚁的转发，使其不受内容浓度的限制，本书提出基于蚁群和相似关系的ICN路由机制，其中包括基于连续内容浓度模型和基于离散内容浓度模型两个路由机制。首先，提取内容名前缀，并采用绝对值减法计算路由器之间的相似关系，进而模拟蚁群求解TSP，把相似关系和内容浓度作为两个启发因子引导兴趣蚂蚁的转发；然后，提出离散的内容浓度更新模型，其中包括两个方面，一个是专门处理成功转发的兴趣蚂蚁，另一个是专门处理非成功转发的兴趣蚂蚁；接着，采用点乘法计算路由器之间的相似关系，这为兴趣转发节省了大量的时间；其次，进一步利用相似关系并提出基于密度的空间聚类，以此在众多路由器中选择核心路由器用于存储数据蚂蚁路由过程中的内容；再次，为了方便内容的传输、降低网络的负载以及提高网络的吞吐量，不再集中传输内容，而是将大的内容划分成若干个小的内容块；最后，在实际的网络拓扑上对两个路由机制进行了验证和对比，实验表明相似关系的引入能够更好地促进兴趣的转发。

4) 研究基于蚁群和区域划分的ICN路由机制

用户使用模式的不断变化使接入网络的内容量呈爆炸式增加趋势，在引起巨大兴趣转发的同时使FIB遭受严重的冲击，这无疑对ICN路由的可扩展性提出新的挑战，甚至阻碍了ICN在大规模网络上的部署和实施。尽管基于蚁群的方案能够通过自演化能力解决这一问题，然而它需要对一组兴趣蚂蚁进行不断的迭代，在这个过程中多只兴趣蚂蚁会多次地查询 FIB，使其面临或多或少的压力，以致减少了路由时延。为了增加网络的可扩展性，帮助并进一步改善ICN路由机制，本书提出基于蚁群和区域划分的ICN路由机制，其中引入控制平面与数据平面分离的思想建立了一个集控制器、信息管理中心和区域一体化的新型 ICN 体系结构。首先，采用点乘法计算路由器之间的相似关系，以此作为链路权重和聚类参考属性，继而基于最大树的聚类方法划分 ICN 拓扑；其次，为了使路由器从频繁的访问中解脱出来，且仅仅用于兴趣请求的转发，将区域内所有路由器的相关信息提交到信息管理中心进行集中式的管理，其中包括内容相关的表和转发相关的表，即只需在这两个表之间进行查询切换；再次，设计路由机制为兴趣请求提供所需的内容，域内路由时不需要兴趣的转发，只需在一个域内协调控制器、信息管理中心和兴趣请求所在的区域即可，域间路由需要产生一组兴趣蚂蚁在各个区域之间进行随机转发，而控制机无权干涉这个过程；最后，在两个实际的网络拓扑上进行验证和对比，结果表明区域划分能够帮助 ICN 路由和改善它的可扩展性。

3.6　本章小结

ICN 路由是 ICN 关键技术中不可或缺的一环，对其深入的研究具有重要的理论价值和现实意义。本章首先站在用户的角度分析了为何 ICN 要支持节能、QoS 和移动性等因素；其次，鉴于转发是 ICN 路由的核心，综述了洪泛、最优接口选择、缓存感知、SDN、域、蚁群等六种比较常见的路由方案；然后，从五个方面阐述了 ICN 路由面临的严峻挑战；再次，针对 ICN 路由面临的挑战，提出了基于仿生学的方法进行求解；最后，重点阐述蚁群 ICN 路由的可行性，并给出了本书基于蚁群的 ICN 研究的主要内容。

第 4 章　基于蚁群的 ICN 路由机制

本章将详细地阐述为何蚁群思想能够解决 ICN 路由问题，此外，也给出具体的模块映射关系，并从路由的角度诠释了两者的结合是合理的。针对初步提出的基于蚁群的 ICN 路由机制，本章呈现详细的系统框架设计和具体的路由机制设计。进一步地，从理论和实践两个方面证明所提出的路由机制是行之有效的。

4.1　引　　言

4.1.1　研究动机

1. 环境约束

众所周知，ACO 算法有三个主要的角色，即蚂蚁、食物和信息素。若将其应用于求解 ICN 路由问题，蚂蚁可以看作兴趣包(或者数据包)，食物可以看作要请求的内容源，关键是如何抽象信息素。本书首先提出内容浓度(content concentration)的概念以确保更加合理化地应用 ACO 算法。

定义 4.1(内容浓度)　一组兴趣蚂蚁发送相同的内容请求从一个路由器到另外的路由器，经过一定的迭代次数，请求的内容信息不断地散落和积累在链路或者路径上。这种情况下，积累的内容信息总量视为关于某一项兴趣蚂蚁所请求内容的内容浓度。

图 4.1 展示了 ACO 算法与 ICN 之间的映射关系，其中外界环境因素是二者的枢纽，不仅作用于信息素，也作用于内容浓度。

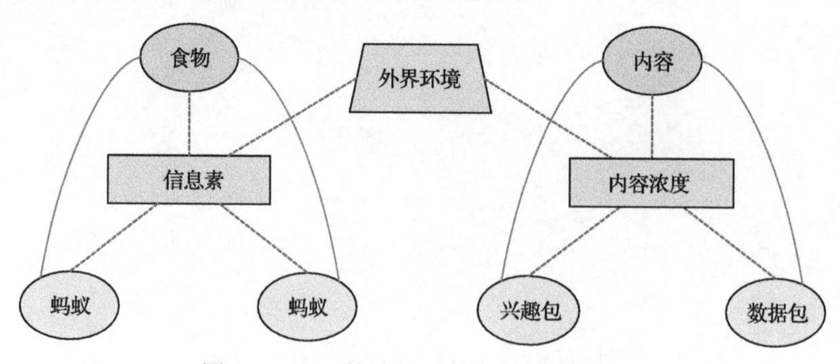

图 4.1　ACO 算法与 ICN 之间的映射关系

针对 ACO 算法和 ICN，以下给出三点特殊说明：①ACO 算法的目的是寻找食物，蚂蚁依赖信息素在自然界中通过协作、自组织、自适应的方式完成觅食过程。同理，兴趣蚂蚁依靠链路上的内容浓度通过并行协作的方式(而非个体的行为)获取所需的内容副本。②外界环境具有催化作用，随着时间的推移，它将使信息素和内容浓度逐渐衰减直到消失(如果没有新的蚂蚁或者兴趣请求经过)，其中的变化不是杂乱无章的而是呈现一定的函数关系。③每一只蚂蚁直接向外界环境中投入信息素，当它发现食物后进一步依赖信息素与其他的蚂蚁进行通信，进而吸引更多的蚂蚁聚集。同理，每一只兴趣蚂蚁直接在外界环境中留下请求的内容名字信息，当它发现内容后进一步根据内容浓度与其他的兴趣蚂蚁进行通信，进而吸引更多的兴趣蚂蚁前来围绕。

以上是从环境约束的角度来看待 ACO 算法和 ICN，并给出了三个特殊的说明，足见二者的结合是很自然的。下面从路由场景的角度去看待蚂蚁在 ACO 算法中的觅食行为和 ICN 路由中的内容获取问题。

2. 路由场景

图 4.2 展示了 ACO 算法中蚂蚁的觅食过程与 ACOIR 机制中的内容获取之间的映射关系，其中 ACO 算法中的每一个位置包括食物仓库(food warehouse，FW)、

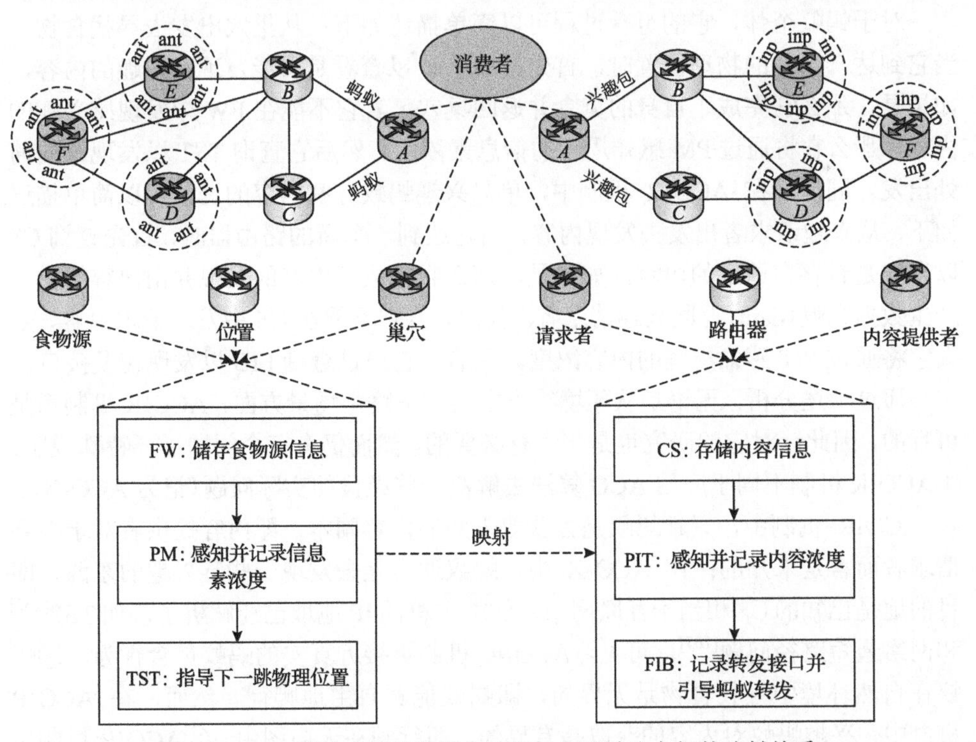

图 4.2　ACO 算法中蚂蚁的觅食过程与 ICN 路由之间的映射关系

ant：蚂蚁；inp：兴趣包

信息素矩阵(pheromone matrix，PM)和禁忌搜索表(tabu search table，TST)等三个模块，而 ACOIR 机制中的每个路由器包括 CS、PIT 和 FIB 等三个模块，它们之间是一一映射的关系。具体地讲，FW 是用来存储该地所有的食物源信息，CS 是用来存储该路由器中所拥有的内容信息；PM 是用来感知并记录周围的信息素浓度，PIT 是用来感知和记录周围的内容浓度；TST 是用来指导蚂蚁的下一跳物理位置(在网络中可称为节点)，FIB 是用来记录相关的转发接口并引导兴趣蚂蚁做进一步的转发。

从图 4.2 中可以看出，ACO 算法中的蚂蚁觅食和 ACOIR 机制中的内容获取有异曲同工之妙，在最近的食物(或者最近的内容副本)被发现之前，存在一个时间点使得所有的食物源(或者内容提供者)都聚集或多或少的(兴趣)蚂蚁，并且它们的总和与初始化时刻的蚂蚁数量是相同的，这是由 ACO 算法的多食物源和 ICN 的网内缓存多内容副本所决定的。进一步地，若将时间推进到最近的食物(或者最近的内容副本)发现之后，即整个觅食过程(或者 ICN 的路由过程)完成了收敛聚集，那么只有最近的食物(或者最近的内容副本)上会聚集(兴趣)蚂蚁，并且它们的总和与初始化时刻的蚂蚁数量是相同的，这是由 ACO 算法中蚂蚁觅食意图找到最短路径和 ACOIR 机制中获取最近内容副本所决定的。

对于蚂蚁个体，它的觅食过程可以简单描述如下：从巢穴出发去寻找食物，当它到达一个新的物理位置时，首先搜索 FW 以查看是否能发现感兴趣的内容，如果是，那么它完成了自身的觅食并返回巢穴。若它不能在 FW 中发现感兴趣的内容，那么它将通过 PM 感知周围的信息素浓度。然后它查询 TST 以发现该向何处出发。同理，在 ACOIR 机制中，单只兴趣蚂蚁寻找内容的过程可以简单描述如下：从兴趣请求者出发去发现内容，当它达到一个新的路由器时，首先查询 CS 以发现是否存在请求的内容，如果是，那么它完成了内容的发现并由内容提供者产生数据蚂蚁(dant)返回兴趣请求者。其次，若它不能在 CS 中发现请求内容，那么它将通过 PIT 感知周围的内容浓度。最后，它通过查询 FIB 以发现转发接口。

通过上述分析，无论是从环境约束方面还是路由场景方面，ACOIR 机制都是可行的，因此针对它的研究也是相当有必要的，然而仍有三个问题需要特殊说明：①ACOIR 机制不同于应用 ACO 算法去解决一些经典的实际问题(记为 ACO-X)。在 ACOIR 机制中，兴趣蚂蚁是去获取未知的内容副本，即内容提供者对于兴趣请求者而言是未知的；在 ACO-X 中，蚂蚁通常是去发现一些感兴趣的东西，即目的地是已知的(这相当于互联网中目的端主机的 IP 地址已经解析了)，如 TSP[166]和网络最短路径问题[167]。可见，ACOIR 机制更接近真实的蚂蚁觅食行为。②蚂蚁在自然环境中寻找食物是无界的，即蚂蚁能够自由地爬行。然而，在 ACOIR 机制中，兴趣蚂蚁对内容的获取是有界的，即行驶在无向图中。③ACOIR 机制也不同于经典的 ICN 路由场景，尤其在检查 PIT 的过程中。前者模拟蚂蚁的行为进一步感知周围的内容浓度，但是不需要花费大量的时间等待数据蚂蚁；后者则需要消耗大量的时间处理PIT，例如，检查后续是否有相同或者相似的兴趣请求。

4.1.2 主要贡献点

虽然一些学者已经提出了基于ACO算法的ICN路由方案，但是这些研究仅仅集中于ACO相关的计算，并未真正地结合ICN的网络特征，自然不能实现从系统到网络以及再到计算三位一体的仿生路由机制。基于此，本章提出的基于蚁群的ICN路由机制充分考虑到ICN中CS、PIT和FIB的特征，进而完成蚂蚁行为到ICN网络的映射。具体地讲，本章的主要贡献点总结如下：

(1)经典的CS结构往往采用顺序存储的方式，面对大幅度内容的查找，其查询速度不容乐观。本章采用名字前缀字典树(name prefix trie，NPT)对CS的存储方式进行改进，实现规整方便的内容管理模式，以达到较快查询的效果，进而提升路由的效率。

(2)虽然ICN的转发是自适应的，但这种自适应体现的仅仅是能够捕捉链路的状态信息(如时延、带宽、出错率等)，并不能真正地适应外界环境的变化而做出智能的兴趣转发。此外，传统的信息素更新模型通常是离散的，即只考虑两个点的时序状态，忽略了两点之间链路上信息素的变化状态。因此，本章设计一个连续模型去更新链路上的信息素，以达到更加接近蚂蚁真实行为的目的。针对动态变化的信息素，以矩阵的形式将其存储在PIT中。

(3)经典的ICN转发策略是基于确定的接口(确定式的路径)，即选择一个或某几个进行兴趣转发，然而这并不能确保得到的内容就是最优的甚至有可能获取不到所需的内容。因此，本章采用不确定的随机转发策略。虽然已有的ACOIR路由也采用随机转发策略，但是它们仅仅依赖链路上的信息素进行转发概率的计算，而忽略蚂蚁行走的物理距离，即兴趣包在网络中转发的链路长度。在这一点上，本章有较大的改进和突破。

(4)与以往ICN路由方案不同，本章设计较为完整的ICN路由机制(包括CS、PIT和FIB的设计)。此外，为了加快路由的收敛速度，考察蚂蚁聚集的情况，即并非所有的蚂蚁聚集到某一个路由器上才结束路由。最后，本章针对所提出的ACOIR机制进行理论分析，即成功率和收敛性，进一步验证基于蚁群的ICN路由的正确性。

4.2 系统框架结构

图4.3展示了ACOIR机制框架，其中包括四个主要的模块：内容管理模块、内容浓度模块、转发概率模块和路由决策模块。内容管理模块用于管理CS中的

内容并有条理地供给兴趣蚂蚁(对应 4.3.1 节)，包括内容名和内容两个字段，这与 CS 中的字段相匹配；内容浓度模块用于记录兴趣蚂蚁留下的内容浓度(对应 4.3.2 节)，包括内容名、入口接口和内容浓度三个字段，这与 PIT 中的字段相匹配；转发概率模块用于记录转发接口并计算相应的概率(对应 4.3.3 节)，包括出口接口和转发概率两个字段，这与 FIB 中的两个字段相匹配。事实上，这三个模块强调的是针对一个路由器的局部转发。路由决策模块用于获取最合适的内容副本(对应 4.3.4 节)，它强调的是针对网络中所有路由器实施的全局路由，是由前三个模块多次迭代完成的。

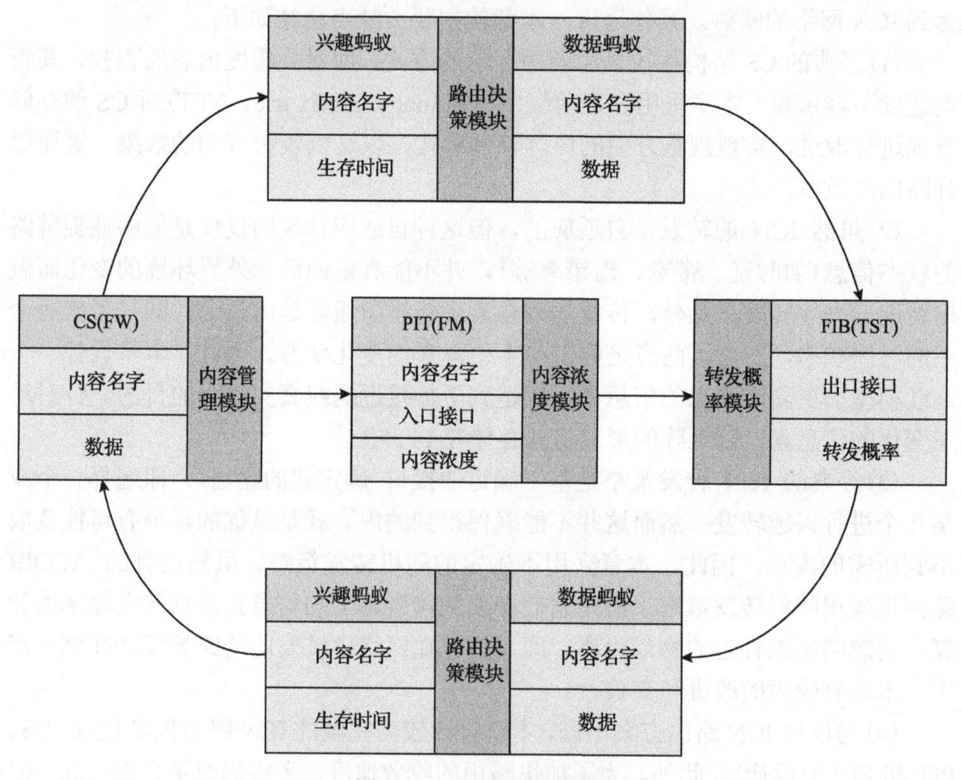

图 4.3 ACOIR 机制框架

这里有必要指出，在本书的研究中，内容浓度既不同于内容流行度也不同于信息素，具体区别如下。

(1) 内容浓度与内容流行度：①当越过当前路由而请求相同的内容时，初始的内容浓度是零而不是基于当前路由所积累起来的总数值；换言之，对于每次不同的兴趣路由，内容浓度都起始于零。然而，内容流行度是针对请求所有相同内容信息的连续累加；换言之，当前的内容流行度受上一时刻内容流行度的影响，不是独立存在的。②内容流行度反映的是一段时间内对某一项内容的请求次数，它对链路或者路径来说是没有意义的。然而，内容浓度反映的是链路或者路径上对某一项内容的请求次数，它是分散在链路或者路径上的。

(2) 内容浓度与信息素：虽然信息素和内容浓度有着惊人的相似，但在对具体的请求内容上，信息素却表现欠佳。例如，对于不同的内容，在 ACO 算法中，信息素都是统一的称谓，没有对其给出不同的信息素类别。在ICN中则不同，内容浓度能反映出不同兴趣蚂蚁的内容需求。言外之意，内容浓度要比信息素有更细粒度的内容分类。

4.3　基于蚁群的ICN路由机制设计

与传统的ICN路由机制不同，本章设计基于蚁群的ICN路由机制；与现有基于蚁群的ICN路由机制相比，本章具体设计CS、PIT和FIB，并给出连续的内容浓度更新模型，此外也呈现出详细的路由过程。

4.3.1　基于字典树的CS设计

1. 存储设计

在ACO算法中，当蚂蚁到达一个类似于小世界的FW时，它不再盲目地查询内容而是通过食物的味道进行查找，这是因为不同的食物具有不同的气味，且蚂蚁能够很快地甄别出来。这启发我们根据内容的类型(运动、旅行、购物等)进行内容的存储，其中每一种内容类型代表一类兴趣，而这些兴趣能够通过内容的名字挖掘出来。这样一来，根据内容的类型查找所需的内容，取代了从第一个条目搜寻到最后一个条目的盲目行为，自然地提高了查询的效率。本节采用 NPT[168]的数据结构去存储内容，其中每一种类型内容存储于同一棵子树。

与IP地址不同，内容名由长度可变的字符串组成，并且这些字符串由点号和(或者)斜线号分开。针对每个字符串，它通常包括“a～z”“A～Z”“0～9”“_”等。假设CS表存储 N 个内容条目，每个内容条目表示为 cn_p，$1 \leqslant p \leqslant N$。在设计CS表存储之前，先给出内容名长度和NPT高度这两个定义。

定义 4.2(内容名长度)　$\forall \mathrm{cn}_p$，如果它能转化成 $s_{p,1}/s_{p,2}/\cdots/s_{p,l_p}$，则 l_p 是 cn_p 的长度。其中，$s_{p,k}$ $(1 \leqslant k \leqslant l_p)$ 是既不包括点号也不包括斜线号的独立字符串。

定义 4.3(NPT高度)　CS中的所有内容名字能够生成一个NPT，用 $h_{\max}$ 代表NPT的高度，则

$$h_{\max} = \max_{p=1}^{N} l_p \tag{4.1}$$

举例说明：$\forall \mathrm{cn}_p$ 和 $\forall \mathrm{cn}_q$，且 $p \neq q$（$1 \leqslant q \leqslant N$），考虑条件 $l_p < l_q$ 成立，若 $s_{p,1} \neq s_{q,1}$，则 cn_p 和 cn_q 的 NPT 如图 4.4(a)所示；若 $s_{p,1} = s_{q,1}$ 且 $s_{p,2} \neq s_{q,2}$，则 cn_p 和 cn_q 的 NPT 如图 4.4(b)所示。在图 4.4 中，网格节点存储的内容条目包括内容名字以及相应的内容，而白色节点不包括相应的内容，它仅仅作为一个虚拟的索引(图 4.4(b)中的 $s_{p,1}$（$s_{q,1}$）)。

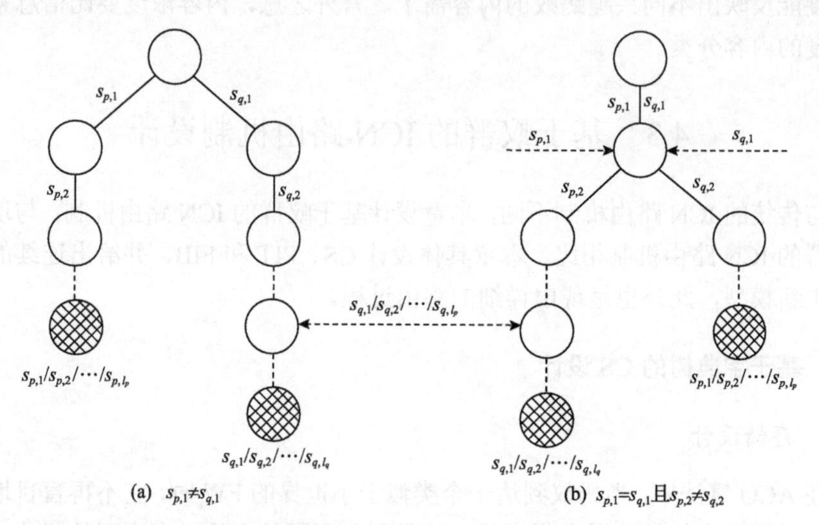

图 4.4　cn_p 和 cn_q 的 NPT

图 4.4 展示了如何根据内容名构建一个 NPT。下面介绍如何向 NPT 中添加一个新的内容条目 cn_x，这里需要考虑两种不同的情况。

第一种是 cn_x 的第一个独立的字符串不在 $s_{1,1}, s_{2,1}, \cdots, s_{N,1}$ 中，即

$$\left\{s_{x,1}\right\} \bigcap \left\{s_{x,1} \mid 1 \leqslant p \leqslant N\right\} = \varnothing \tag{4.2}$$

第二种是 NPT 存在 $s_{x,1} / s_{x,2} / \cdots / s_{x,u}$ 且 $s_{x,u+1}$ 不在 $s_{1,u+1}, s_{2,u+1}, \cdots, s_{N,u+1}$ 中，则得到

$$\left\{s_{x,1} / s_{x,2} / \cdots / s_{x,u}\right\} \bigcap \left\{\mathrm{cn}_p \mid 1 \leqslant p \leqslant N\right\} = \left\{s_{x,1} / s_{x,2} / \cdots / s_{x,u}\right\} \tag{4.3}$$

$$\left\{s_{x,u+1}\right\} \bigcap \left\{s_{p,u+1} \mid 1 \leqslant p \leqslant N\right\} = \varnothing \tag{4.4}$$

就上述两种情况而言，添加 cn_x 到 NPT 类似于添加 cn_p 到 cn_q 的 NPT，它们分别对应于图 4.4(a)和(b)。然而在添加 cn_x 到 NPT 之前，必先查找 cn_x 以判断它是否已经存在于 NPT 中，这说明查询的方式也相当重要，对此我们将给出详细的介绍。

2. 查询设计

当一只兴趣蚂蚁到达 CR 时，它首先查找 CS 看是否有所需的内容存在，其间，NPT 应该被快速有效地查找，核心思想是顺序查找 NPT 中同一层上的所有字符串，且自上而下层层查找。假设请求的内容名是 cn_r，查询的过程能用一句话描述：在 NPT 的第 k 层从左到右搜索 $s_{r,k}$，直到 k 从 1 迭代到 l_k 或者一直未发现 $s_{r,k}$ 为止，其伪代码如算法 4.1 所示。

算法 4.1　CS 查询算法

输入： cn_r，NPT
输出： cn_r 或者失败

```
01:  for  k=1 to  l_k， do
02:    按序搜索 s_{r,k}；
03:    if  NTP 中没有发现 s_{r,k}， then
04:      返回失败；
05:  end for
06:  if  k==l_k， then
07:    返回 cn_r
```

算法 4.1 的时间复杂度将在 4.4 节给出具体的分析。

4.3.2 基于酒精挥发模型的内容浓度设计

正如 4.2 节所讲，PIT 中包括内容浓度字段，并且负责感知内容浓度。众所周知，正反馈和多样性是 ACO 算法两个最典型的特征，其中多样性主要反映在如何提高内容获取的成功率，而正反馈的主要表现则是反映获取内容的速度，即时延。因此，ACOIR 机制的收敛速度很大程度上取决于内容浓度的设计和更新。

1. 基本设计思路

假设有 m 只兴趣蚂蚁，且每只用 ia_λ 表示，$1\leqslant\lambda\leqslant m$。当 ia_λ 从 CR_i 爬行到 CR_j 时，它会在爬行的线路上留下一定量的内容浓度，其中，$1\leqslant i,j\leqslant n$ 且 n 是网络中 CR 的个数。事实上，内容浓度是动态变化的，主要表现在两个方面：①随着时间的推移，环境会使一定空间的内容浓度变弱；②一定量的内容浓度分布在较小的空间中，那么被感知出来的内容浓度较大，即当前位置与兴趣请求者的距离越小感知到的内容浓度越大。通俗地讲，在三维空间中，内容浓度与时间和距离有关，即不同的位置在不同的时间点相对兴趣请求者而言有不同大小的内容浓度。这就好比一个醉酒的人，他身上的酒味会随着时间的推移而变淡，与此同时，离他不同距离的人闻到的酒味也是不同的，并且是距离越近则闻到的酒味越大。

基于上述考虑，建立一个三维空间坐标系，其中，CR_i 视为原点(兴趣请求者)，$\tau^\lambda(t,d)$ 是 t 时刻 ia_λ 在位置 d 的内容浓度，t 是时间轴，d 是距离轴，如图 4.5 所示。

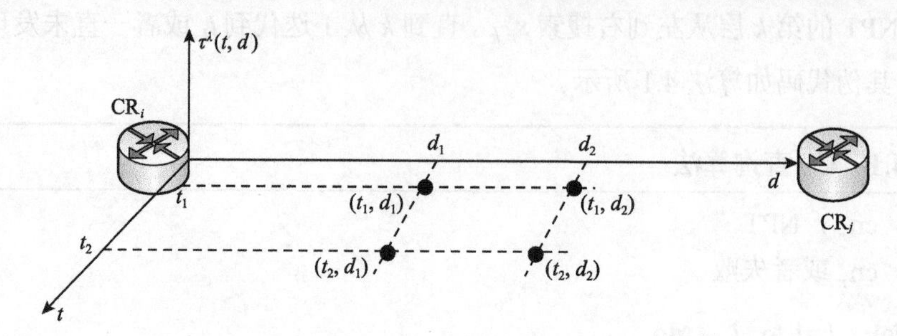

图 4.5　内容浓度、时间和位置的三维空间坐标系

通过图 4.5 可得到

$$\tau^\lambda(t_1,d_1)\neq\tau^\lambda(t_1,d_2)\neq\tau^\lambda(t_2,d_1)\neq\tau^\lambda(t_2,d_2) \tag{4.5}$$

具体地讲，$\tau^\lambda(t,d)$ 是 t 的减函数，是 d 的增函数，即若 $\tau^\lambda(t_1,d_1)>\tau^\lambda(t_2,d_1)$，则需要 $t_1<t_2$，若 $\tau^\lambda(t_1,d_1)<\tau^\lambda(t_1,d_2)$，则需要 $d_1<d_2$。为了方便 $\tau^\lambda(t,d)$ 的具体建模，给出以下假设。

假设 4.1　兴趣蚂蚁仅仅能感知一跳以内的内容浓度，换言之，当 ia_λ 爬出 CR_i 与 CR_j 所在的链路(记为 $e_{i,j}$)，它没有能力感知超出 $e_{i,j}$ 之外的内容浓度。

例如，ia_λ 依次到达 CR_i、CR_j 和 CR_k，且 CR_i 与 CR_k 不相邻，那么当 ia_λ 到达 CR_i 时，它只能感知 $e_{i,j}$ 上的内容浓度而不能感知 $e_{j,k}$ 上的内容浓度。

2. 具体点内容浓度建模

事实上，$\tau^\lambda(t,d)$ 反映的是具体某一点在某一时刻的内容浓度，它是整个内容浓度设计的关键。由于 t 和 d 是两个独立的变量，可以逐次讨论 $\tau^\lambda(t,d)$ 与这两个变量之间的关系。正如 4.3.2 节第 1 部分所述，$\tau^\lambda(t,d)$ 与 t 之间的关系类似于酒精浓度的挥发，而 $\tau^\lambda(t,d)$ 与 d 之间的关系类似于旁人对醉酒者的感受强度。基于此，首先讨论 $\tau^\lambda(t,d)$ 与 t 之间的关系。

1) $\tau^\lambda(t,d)$ 与 t

由于 $\tau^\lambda(t,d)$ 在 $t\in[0,+\infty)$ 上是一个连续可微的函数，考虑 $d=0$，可得到

$$\begin{cases} \dfrac{\partial \tau^{\lambda}(t,0)}{\partial t} = -\theta \cdot \tau^{\lambda}(t,0) \\ \tau^{\lambda}(0,0) = \tau_0^{\lambda} \end{cases} \tag{4.6}$$

其中，第一个方程说明内容浓度的变化率与内容浓度成比例，第二个方程指初始的内容浓度是τ_0^{λ}，θ是一个正常量。这里有必要指出内容浓度的变化率即挥发率，记为 er。第一个方程反映的是数学中的斜率，而第二个方程是前者物理意义的表现。

通过解微分方程(4.6)，可得到

$$\tau^{\lambda}(t,0) = \tau_0^{\lambda} \cdot \mathrm{e}^{-\theta t} \tag{4.7}$$

根据式(4.6)和式(4.7)，可得到

$$\mathrm{er} = \left| \frac{\partial \tau^{\lambda}(t,0)}{\partial t} \right| = \theta \cdot \tau_0^{\lambda} \cdot \mathrm{e}^{-\theta t} \tag{4.8}$$

由式(4.8)可知，er 是一个变量，这不同于其他的文献，它们都假设挥发率是一个处于 0 和 1 之间的常量(往往设置为 0.5)。相比较而言，从挥发率的角度来看，本章设计的内容浓度模型更接近真实的蚂蚁觅食场景。

对于一个特定的位置，如果ia_{λ}既未到达也未遍历，那么当前的内容浓度是毫无意义的，这是因为一个完整的链路并未被遍历，自然也起不到计算的作用。假设ia_{λ}从CR_i出发到达CR_j的时刻是t_{thr}，那么对于任意的$t < t_{\mathrm{thr}}$，都满足$\tau^{\lambda}(t,d_{i,j})=0$，其中$d_{i,j}$是$\mathrm{CR}_i$和$\mathrm{CR}_j$之间的实际物理距离，即$d_{i,j}=\left\|e_{i,j}\right\|$。进一步地，初始内容浓度也可以求出，即$\tau^{\lambda}(t_{\mathrm{thr}},d_{i,j})=\tau_0^{\lambda}$。

2) $\tau^{\lambda}(t,d)$与d

由于$\tau^{\lambda}(t,d)$在$d\in\left[0,d_{i,j}\right]$上是一个连续可微的函数，可以把$\left[0,d_{i,j}\right]$划分为$\xi$个部分，即$[0,d_1],[d_1,d_2],\cdots,\left[d_{\xi-1},d_{\xi}\right]$，其中$d_{\xi}=d_{i,j}$。假设$\mathrm{ia}_{\lambda}$在时刻$t_k$到达$d_k$，且满足$1\leqslant k\leqslant\xi$和$t_{\xi}=t_{\mathrm{thr}}$，由于$\mathrm{ia}_{\lambda}$到达一个新位置的内容浓度是$\tau_0^{\lambda}$，可得到

$$\tau^{\lambda}(t,d_k) = \tau_0^{\lambda} \cdot \mathrm{e}^{-\theta(t-t_k)} \tag{4.9}$$

其中，当$d_k=0$时，式(4.9)等同于式(4.7)。

为了进一步方便$\tau^{\lambda}(t,d)$的具体建模，给出以下假设。

假设 4.2　ia_{λ}的爬行速度在任意时刻t保持不变，记为v_2。

用ϖ和v_1分别表示兴趣蚂蚁的大小和链路的传输速度，那么根据假设 4.2，可得到

$$t_k = \frac{d_k}{v_2} + \frac{\varpi}{v_1} \tag{4.10}$$

将式(4.10)代入式(4.9)，可得到

$$\tau^{\lambda}(t, d_k) = \tau_0^{\lambda} \cdot \mathrm{e}^{-\theta\left(t - \frac{d_k}{v_2} - \frac{\varpi}{v_1}\right)} \tag{4.11}$$

然而，式(4.11)是一个关于d_k的特殊函数，把d_k看成任意的d，则式(4.11)演化为

$$\tau^{\lambda}(t, d) = \tau_0^{\lambda} \cdot \mathrm{e}^{-\theta\left(t - \frac{d}{v_2} - \frac{\varpi}{v_1}\right)} \tag{4.12}$$

对式(4.12)取极限，得到

$$\lim_{t \to +\infty} \tau^{\lambda}(t, d) = \lim_{t \to +\infty} \tau_0^{\lambda} \cdot \mathrm{e}^{-\theta\left(t - \frac{d}{v_2} - \frac{\varpi}{v_1}\right)} = 0 \tag{4.13}$$

这说明当t趋于无穷大时，位置d的内容浓度为 0，也验证了所引入的酒精挥发模型的正确性。

3. 全局内容浓度设计

对于ia_{λ}，用$\mathrm{cc}_{i,j}^{\lambda}(t)$代表时刻$t$在$e_{i,j}$上留下的内容浓度，则$\mathrm{cc}_{i,j}^{\lambda}(t)$是$\tau^{\lambda}(t,d)$在$\left[0, d_{i,j}\right]$上的求和，即

$$\mathrm{cc}_{i,j}^{\lambda}(t) = \sum_{d \in \left[0, d_{i,j}\right]} \tau^{\lambda}(t, d) = \int_0^{d_{i,j}} \tau^{\lambda}(t, d)\mathrm{d}d = \frac{v_2 \cdot \tau_0^{\lambda}}{\theta} \cdot \mathrm{e}^{-\theta\left(t - \frac{\varpi}{v_1}\right)}\left(\mathrm{e}^{\frac{\theta d_{i,j}}{v_2}} - 1\right) \tag{4.14}$$

修正式(4.14)，得到

$$\mathrm{mcc}_{i,j}^{\lambda}(t) = \frac{L_{\lambda}}{\mathrm{cc}_{i,j}^{\lambda}(t)} \tag{4.15}$$

其中，$\mathrm{mcc}_{i,j}^{\lambda}(t)$是修正后的$\mathrm{cc}_{i,j}^{\lambda}(t)$；$L_{\lambda}$是$\mathrm{ia}_{\lambda}$一次迭代所遍历的路径长度。

由 4.3.2 节第 1 部分所知，$\tau^{\lambda}(t,d)$是关于t的减函数，那么$\mathrm{cc}_{i,j}^{\lambda}(t)$也是关于$t$的减函数，则得到

$$t-\frac{d_k}{v_2}-\frac{\varpi}{v_1}\geqslant 0 \tag{4.16}$$

$$t\geqslant \max_{k=1}^{\xi}\left(\frac{d_k}{v_2}+\frac{\varpi}{v_1}\right)=t_{\text{thr}} \tag{4.17}$$

通过式(4.17)可以看出式(4.14)的定义域是$t\in[t_{\text{thr}},+\infty)$，这与实际的场景一致，即 m 只兴趣蚂蚁至少需要t_{thr}才能完成一次迭代。对于ia_λ的一次迭代，用$\text{mcc}_{i,j}(t,I)$代表第I次迭代在$e_{i,j}$上所留下的内容浓度，则得到

$$\text{mcc}_{i,j}(t,I)=\sum_{\lambda=1}^{m}\text{mcc}_{i,j}^{\lambda}(t)\cdot x_\lambda \tag{4.18}$$

$$x_\lambda=\begin{cases}1, & \text{ia}_\lambda \text{ 经过 } e_{i,j}\\ 0, & \text{其他}\end{cases} \tag{4.19}$$

假设 m 只兴趣蚂蚁完成第I次迭代需要Δt_I，则I次迭代之后$e_{i,j}$上积累的内容浓度总量记为$\text{Tcc}_{i,j}(t,I)$，如式(4.20)所示：

$$\begin{aligned}\text{Tcc}_{i,j}(t,I)=&\text{mcc}_{i,j}(t-\Delta t_{I-1}-\Delta t_{I-2}-\cdots-\Delta t_I,I)\\&+\text{mcc}_{i,j}(t-\Delta t_{I-2}-\cdots-\Delta t_I,I-1)\\&+\cdots\\&+\text{mcc}_{i,j}(t-\Delta t_I,2)\\&+\text{mcc}_{i,j}(t,1)\end{aligned} \tag{4.20}$$

进一步，可得到

$$\text{Tcc}_{i,j}(t+\Delta t_I,I)=\text{Tcc}_{i,j}(t+\Delta t_I,I-1)+\text{mcc}_{i,j}(\Delta t_I,I) \tag{4.21}$$

其中，$\text{Tcc}_{i,j}(t+\Delta t_I,I-1)$代表挥发后剩余的内容浓度；$\text{mcc}_{i,j}(\Delta t_I,I)$代表新增的内容浓度。

举例说明：假设存在Δt_1、Δt_2、Δt_3、Δt_4、Δt_5和Δt_6，且它们分别是 1ms、2ms、3ms、4ms、5ms 和 6ms。当$t=17\text{ms}\in[15\text{ms},21\text{ms}]$时，五次迭代之后$e_{i,j}$上积累的内容浓度总量为

$$\begin{aligned}\text{Tcc}_{i,j}(17,5)=&\text{mcc}_{i,j}(7,5)+\text{mcc}_{i,j}(11,4)+\text{mcc}_{i,j}(14,3)\\&+\text{mcc}_{i,j}(16,2)+\text{mcc}_{i,j}(17,1)\end{aligned} \tag{4.22}$$

通过式(4.22)可以看出本章的内容浓度计算是连续的累积而不是离散的累

积，这充分地说明了提出的内容浓度模型是连续的而不是离散的。在计算某一段链路上的总内容浓度时，用到了酒精挥发模型和微分积分的思想，使得建模的过程更加符合蚂蚁真实的觅食行为。

4.3.3 接口转发概率的计算

FIB 中有一个非常重要的字段，即接口的转发概率，因此设计一个有效的转发概率计算方案是必要的。当 ia_{λ} 达到 CR_i 时，在选择转发接口之前，需要解决以下三个问题：① CR_i 的哪些接口能看成出口接口用于转发 ia_{λ}，即可转发的接口是哪些；②在第一次迭代时如何获取出口接口的转发概率；③从第二次迭代开始如何获取出口接口的转发概率。为此，下面将对它们逐个介绍。

1. 可转发接口确定

为何要计算关于一个 CR 的可转发接口呢？因为兴趣蚂蚁到达 CR，并不是所有的接口都能用来转发这只兴趣蚂蚁，即有些接口不具备转发功能或者已经转发过这只兴趣蚂蚁(避免回环)。

定义 4.4(未遍历 CR) 如果一些 CR 没有被 ia_{λ} 遍历，那么从网络全局视图的角度来看，这些 CR 称为未遍历的 CR。假设它们对应的集合记为 Ut_i^{λ}，考虑 ia_{λ} 从 CR_k 爬行到 CR_i，则

$$\text{Ut}_i^{\lambda} = \text{Ut}_k^{\lambda} / \text{CR}_i \tag{4.23}$$

其中，“/”代表不包括，即集合 Ut_k^{λ} 不包括元素 CR_i。

定义 4.5(相邻 CR) 如果一些 CR 与 CR_i 相邻，那么视它们为 CR_i 的相邻 CR，且这依赖于给定的物理网络拓扑结构，用 Ad_i^{λ} 代表它们对应的集合。

定义 4.6(剩余 CR) 如果 ia_{λ} 从 CR_k 爬行到 CR_i，那么 CR_i 的剩余 CR 等价于除 CR_k 之外的 CR_i 的相邻 CR。假设它们对应的集合记为 Re_i^{λ}，则得到

$$\text{Re}_i^{\lambda} = \text{Ad}_i^{\lambda} / \text{CR}_k \tag{4.24}$$

当 CR_i 是兴趣请求者时，有

$$\text{Re}_i^{\lambda} = \text{Ad}_i^{\lambda} \tag{4.25}$$

定义 4.7(可转发接口) 如果 CR_i 的某些接口能用于转发 ia_{λ}，那么称它们为 CR_i 的可转发接口。假设它们对应的集合记为 Fw_i^{λ}，则得到

$$\text{Fw}_i^{\lambda} = \text{Re}_i^{\lambda} \bigcap \text{Ut}_i^{\lambda} \tag{4.26}$$

其中，当 $Fw_i^\lambda=\varnothing$ 时，CR_i 不能转发 ia_λ，即 ia_λ 的转发结束。

举例说明：选择图 4.2 中的网络拓扑，从 A 开始，Fw_i^λ 的计算过程如表 4.1 所示。

表 4.1　可转发接口的计算过程

CR_i	边	Ad_i^λ	Re_i^λ	Ut_i^λ	Fw_i^λ
A	—	*BC*	*BC*	*BCDEF*	*BC*
B	*A*→*B*	*ACDEF*	*CDEF*	*CDEF*	*CDEF*
D	*B*→*D*	*BCF*	*CF*	*CEF*	*CF*
F	*D*→*F*	*BDE*	*BE*	*CE*	*E*
E	*F*→*E*	*BF*	*B*	*C*	∅

2. *初始转发概率计算*

兴趣蚂蚁依靠内容浓度去寻找内容，然而每条链路上的内容浓度初始时都是零，这是因为此时并未有兴趣蚂蚁经过。为了避免第一次迭代时蚂蚁进行盲目的转发，故将链路的长度作为计算转发概率的一个标准，而暂时不考虑内容浓度。用 $fp1_{i,j}^\lambda(t)$ 代表 ia_λ 从 CR_i 转发到 CR_j 的概率，则得到

$$fp1_{i,j}^\lambda(t)=\frac{\left(d_{i,j}(t)\right)^{-1}}{\sum\limits_{CR_\zeta\in Fw_i^\lambda}\left(d_{i,\zeta}(t)\right)^{-1}} \tag{4.27}$$

通过式(4.27)可以看出，CR_i 和 CR_j 之间的链路长度越短，则 ia_λ 从 CR_i 转发到 CR_j 的概率越大。特别地，CR 之间的链路长度取决于实际的网络拓扑，因此，$d_{i,j}(t)$ 并不随着时间的变化而变化，即

$$d_{i,j}(t)=d_{i,j} \tag{4.28}$$

将式(4.28)代入式(4.27)，可得到

$$fp1_{i,j}^\lambda(t)=\frac{\left(d_{i,j}\right)^{-1}}{\sum\limits_{CR_\zeta\in Fw_i^\lambda}\left(d_{i,\zeta}\right)^{-1}} \tag{4.29}$$

可见，初始转发概率的计算取决于当前链路的长度以及与 CR 相关的所有链路的长度。

3. 非初始转发概率计算

第一次迭代结束，兴趣蚂蚁已经在一些链路上留下了一定量的内容浓度。此时，用 $\mathrm{fp2}_{i,j}^{\lambda}(t)$ 代表 ia_{λ} 从 CR_i 转发到 CR_j 的概率，则得到

$$\mathrm{fp2}_{i,j}^{\lambda}(t)=\frac{\mathrm{Tcc}_{i,j}(t,I)}{\sum\limits_{\mathrm{CR}_{\zeta}\in\mathrm{Fw}_i^{\lambda}}\mathrm{Tcc}_{i,\zeta}(t,I)} \tag{4.30}$$

通过式(4.30)可以看出，$e_{i,j}$ 上的内容浓度越高，则 ia_{λ} 从 CR_i 转发到 CR_j 的概率越大。综合式(4.29)和式(4.30)，第 I 次迭代 ia_{λ} 从 CR_i 转发到 CR_j 的概率记为 $\mathrm{fp}_{i,j}^{\lambda}(t,I)$，如式(4.31)所示：

$$\mathrm{fp}_{i,j}^{\lambda}(t,I)=\begin{cases}\mathrm{fp1}_{i,j}^{\lambda}(t), & I=1\\ \mathrm{fp2}_{i,j}^{\lambda}(t), & 1<I\leqslant I_{\max}\end{cases} \tag{4.31}$$

其中，$I_{\max}$ 是最大的迭代次数。

需要指出的是，具有最大转发概率的出口接口并不一定用来转发兴趣蚂蚁，而是系统地为兴趣蚂蚁随机产生一个数值用于转发决策。事实上，选择具有最高转发概率的出口接口去转发兴趣蚂蚁是一种典型的贪心行为，尽管这保证了蚂蚁的正反馈特征却违背了蚂蚁的多样性特征。关于兴趣蚂蚁的转发决策，将在 4.3.4 节给出详细的介绍。

4.3.4 路由决策的设计与描述

本章设计的路由机制是基于概率的转发(probabilistic forwarding)，而不是依赖确定式的路径(deterministic path)。前者充分利用了蚂蚁群体自组织和相互协作的能力去获取最合适的内容副本，其中，对于两个相同或者不同的兴趣请求而言，其基于概率转发的过程是相互独立的。后者往往参照一个固定的标准，如一条路径已经成功转发了多少兴趣请求，这仅仅说明是经验路径甚至是可信路径，并不能说明该路径能够指引兴趣请求一直能够获取最合适的内容副本；除此之外，无论两个兴趣请求是否相同，其确定式的路由过程是相互影响的。尤其一旦内容从它的提供者移动到其他地方，确定式的路由模式不再能提供最合适的内容副本。

1. 转发决策

全局的兴趣蚂蚁路由是由每一次迭代中每一只兴趣蚂蚁的转发组成的。此部分介绍 ia_{λ} 的转发决策。假设 CR_i 有 w_i 个可转发接口用于转发 ia_{λ}，它们对应的

CR 分别记为 $CR_{i1}, CR_{i2}, \cdots, CR_{iw_i}$，则得到

$$Fw_i^{\lambda} = \left\{ CR_{io} \middle| 1 \leqslant o \leqslant w_i \right\} \tag{4.32}$$

系统为 ia_{λ} 的一次转发随机产生一个 (0,1) 之间的数值，记为 st_i^{λ}，如果满足

$$\sum_{o=1}^{\kappa} fp_{i,io}^{\lambda}(t,I) \geqslant st_i^{\lambda} \tag{4.33}$$

$$\sum_{o=1}^{w_i} fp_{i,io}^{\lambda}(t,I) = 1 \tag{4.34}$$

那么 $CR_{i\kappa}$ 对应的接口用于转发 ia_{λ}，这充分保证了蚂蚁的多样性特征。

进一步地，假设分别有 m_i 和 $m_{io}\,(m_{io} \leqslant m_i)$ 只兴趣蚂蚁到达 CR_i 和 CR_{io}，则得到

$$\sum_{o=1}^{w_i} m_{io} = m_i \tag{4.35}$$

$$m_{io} \propto fp_{i,io}^{\lambda}(t,I) \tag{4.36}$$

式 (4.36) 说明了具有较高转发概率的接口能够用来转发较多的兴趣蚂蚁，这充分保证了蚂蚁的正反馈特征。

2. 路由决策

对于一次迭代，当 CR_i 接到来自 ia_{λ} 所请求的内容名 cn_r 时，依次检查：① cn_r 能否在 NPT 中找到；②TTL (time to live，生存时间) 是否到期；③ Fw_i^{λ} 是否为空集。如果满足它们中的一个，则终止 ia_{λ} 的转发；否则，ia_{λ} 首先添加 cn_r 到它的 PIT，然后根据式 (4.20) 感知内容浓度，最后根据式 (4.33) 选择合适的出口接口转发它自己。

对于 m 只兴趣蚂蚁，一旦它们完成一次迭代，则开始下一次迭代。为了加快兴趣蚂蚁路由的收敛速度，考虑如果某一个 CR 上聚集一定数量的蚂蚁，记为 m_0，那么全局的兴趣蚂蚁路由结束，即满足

$$m_o > \varphi m \tag{4.37}$$

考虑最坏的情况：如果迭代次数达到 $I_{\max}$，即

$$I = I_{\max} \tag{4.38}$$

那么全局的兴趣蚂蚁路由也结束，这种情况说明路由失败。

总体来讲，只要满足式(4.37)和式(4.38)中的一个，全局的兴趣蚂蚁路由就会结束，前者代表路由成功，后者代表路由失败。

以上讲述的是兴趣蚂蚁的路由过程，而本章设计的数据蚂蚁的路由过程较为简单，即数据蚂蚁沿着兴趣蚂蚁获取最合适内容副本的反向路径逐步到达兴趣请求者，故不再赘述。根据以上描述，ACOIR 机制的伪代码如算法 4.2 所示。

算法 4.2　ACOIR 机制

输入：m 只兴趣蚂蚁，cr_n

输出：内容或者失败

```
01: for  I=1 to I_max , do
02:   for  i=1 to n, do
03:     if  不等式(4.37)满足, then
04:        返回内容;
05:        if  发现内容、TTL 到期或者 Fw_i^λ = ∅ , then
06:        break;
07:        else
08:        添加 cr_n 到 PIT;
09:        通过式(4.20)感知内容浓度;
10:        通过式(4.33)选择转发接口;
11:     end if
12:   end for
13: end for
14: while  式(4.38)成立, do
15:   if  所有 CR 都不满足不等式(4.37), then
16:   返回失败;
17: end while
```

针对算法 4.2 的时间复杂度将在 4.4 节给出具体的分析。

4.4 性能分析

4.4.1 时间复杂度分析

本章主要提出了两种算法，即算法 4.1 和算法 4.2，下面给出定理 4.1 和定理 4.2 分析两种算法的时间复杂度。

定理 4.1　算法 4.1 的时间复杂度是 $O(n)$ 。

证明　(1)考虑最好的情况：CS 中的 N 个内容条目拥有相同的内容名，即 $\forall 1 \leqslant p,q \leqslant N$，$\mathrm{cn}_p = \mathrm{cn}_q$。那么，最少的查询次数(记为 $\mathrm{ln1}_{\min}$)是最短的内容名长度(记为 $h_{\min}$)，则得到

$$\mathrm{ln1}_{\min} = h_{\min} = \min_{p=1}^{N} l_p \tag{4.39}$$

(2)考虑最坏的情况：CS 中的 N 个内容条目各自拥有不同的内容名，即 $\forall 1 \leqslant p,q \leqslant N$，$\mathrm{cn}_p \neq \mathrm{cn}_q$，其中 $s_{p,1} \neq s_{q,1}$。这说明 NPT 的根节点有 N 棵子树，且子树 p 的高度是 $l_p - 1$。首先从左到右依次查找 N 棵子树，且相应的最大查询次数是 N；然而针对一棵子树进行查找，且相应的最大查询次数是 $h_{\max} - 1$。用 $\mathrm{ln1}_{\max}$ 代表总的最大查询次数，则得到

$$\mathrm{ln1}_{\max} = N + h_{\max} - 1 \tag{4.40}$$

由于 $h_{\max} \ll N$，式(4.40)可变为

$$\mathrm{ln1}_{\max} \sim N \sim O(N) \tag{4.41}$$

综合两种情况，定理 4.1 得证。

进一步地，考察 NPT 存储方式的有效性，如推论 4.1 所示。

推论 4.1　假设采用 NPT 存储方式为方案 M1，不采用 NPT 存储方式为方案 M2，则 M1 比 M2 有更好的性能。

证明　用 $\mathrm{ln2}_{\max}$ 和 $\mathrm{ln2}_{\min}$ 分别代表执行方案 M2 所产生的最大查询次数和最小查询次数，则得到

$$\mathrm{ln2}_{\max} = \sum_{p=1}^{N} l_p = N + \sum_{p=1}^{N} (l_p - 1) > N + h_{\max} - 1 = \mathrm{ln1}_{\max} \tag{4.42}$$

$$\mathrm{ln2}_{\min} = \min_{p=1}^{N} l_p = \mathrm{ln1}_{\min} \tag{4.43}$$

通过式(4.42)和式(4.43)可以看出，方案 M1 比 M2 有较少的最大查询次数，且有相同的最小查询次数，故推论 4.1 得证。

定理 4.2　算法 4.2 的时间复杂度是 $O(I \cdot m(n \cdot N + n^2))$。

证明　算法 4.2 的计算复杂度取决于以下三个方面：①CS 中内容查找；②PIT 中内容浓度感知；③FIB 中一次迭代一只兴趣蚂蚁的转发决策。由定理 4.1 可知，第一部分的时间复杂度是 $O(n \cdot N)$。用 Np 和 Nf 分别代表内容浓度感知次数和转发决策次数，则得到

$$\mathrm{Np} = \mathrm{Nf} = 2e \leqslant 2n(n-1) \tag{4.44}$$

其中，e 给定网络拓扑的边数。

一次迭代一只兴趣蚂蚁的时间复杂度计算为

$$O(n \cdot N)+O(2e)+O(2e)=O(n \cdot N+4e)=O(n \cdot N+n^2) \tag{4.45}$$

则 m 只兴趣蚂蚁 I 次迭代的时间复杂度为 $O(I \cdot m(n \cdot N+n^2))$，即定理 4.2 得证。

进一步地，当 $N=1$ 时，算法 4.2 的时间复杂度是 $O(I \cdot m \cdot n^2)$；当 $N>n$ 时，算法 4.2 的时间复杂度是 $O(I \cdot m \cdot n \cdot N)$。

4.4.2 收敛性分析

为了说明 ACOIR 机制的可行性，给出以下两个定理对其收敛性进行分析：①在时间充分的条件下，ACOIR 机制能够以接近 1 的概率获取到内容；②在时间充分的条件下，ACOIR 机制能够以接近 1 的概率收敛到最优解(即获得最合适的内容副本)。

定理 4.3 ACOIR 机制发现内容记为事件 X，相应的概率记为 $P(X)$。当所请求的内容存在时，对于 $\forall \varepsilon>0, \varepsilon \to 0, I \to +\infty$，有

$$\lim_{I \to +\infty} P(X)=1 \tag{4.46}$$

证明 (1) $\forall \mathrm{ia}_\lambda$，如果能发现它请求的内容名，那么 ia_λ 的路由过程结束。这种情况下，内容一定能够被发现，即 $P(X) \equiv 1$。

(2) $\forall \mathrm{ia}_\lambda$，如果 $\mathrm{Fw}_i^\lambda=\varnothing$，这说明 ia_λ 已经遍历了所有的 CR。这种情况下，如果内容存在，则它一定能够被发现，即 $P(X) \equiv 1$。

(3) 对于所有的 ia_λ 和 I，发现内容之前所有的 TTL 到期记为事件 $\bar{X}$，由于每只兴趣蚂蚁的操作是相互独立的，则

$$P(\bar{X})=\left(\frac{1}{3}\right)^{m \cdot I} \tag{4.47}$$

进一步可得到

$$P(X)=1-P(\bar{X})=1-\left(\frac{1}{3}\right)^{m \cdot I} \geqslant 1-\varepsilon \tag{4.48}$$

特别地，当 $I \to +\infty$ 时，得到

$$\lim_{I \to +\infty} P(X)=1-\lim_{I \to +\infty}\left(\frac{1}{3}\right)^{m \cdot I}=1 \tag{4.49}$$

综合(1)、(2)和(3)，定理 4.3 得证。

定理 4.4　用 $P^*(I)$ 代表 ACOIR 机制经过 I 次迭代第一次发现最优解 s^* 的概率。当所请求的内容存在时，对于 $\forall\varepsilon>0, \varepsilon\to 0, I\to+\infty$，有

$$\lim_{I\to+\infty} P^*(I)=1 \tag{4.50}$$

证明　由定理 4.3 可知 ACOIR 机制能够以接近 1 的概率获取到内容，基于此，讨论兴趣请求者和内容提供者之间的任意两条路径，分别记为 P' 和 P''（特别地，网络中可能存在一个内容提供者，也可能存在多个内容提供者）。假设 P' 和 P'' 的长度分别是 L' 和 L''，经过它们的兴趣蚂蚁数分别是 m' 和 m''。采用分类讨论的方法证明定理 4.4，这里不妨设 $L'<L''$。

(1) $m'>m''$。当 $I=2$ 时，由式(4.20)可知 P' 上的内容浓度高于 P'' 上的内容浓度，这是因为 $L'<L''$ 且 $m'>m''$。随着迭代的进行，m' 逐渐增多而 m'' 逐渐减少。当 I 达到一定的数量时，P'' 有较低的内容浓度，因此不能作为最优解；相反，P' 有较高的内容浓度，因此有可能作为最优解。

当 $I>2$ 时，扩展 P' 和 P'' 到所有的路径，且每一个路径看成一个解。第一次发现 s^* 之后，该路径上的内容浓度越来越大，这种情况下，$P^*(I)=1$ 成立。

(2) $m'=m''$。这种情况的证明方式同 $m'>m''$，即 $P^*(I)=1$。

(3) $m'<m''$。采用分析法证明这种情况。用 $e'_{1,2}$ 和 $e''_{1,2}$ 分别代表 P' 和 P'' 的第一条链路，假设 m' 和 m'' 分别需要 t' 和 t'' 完成第一次迭代，则得到

$$\mathrm{Tcc}'_{1,2}(t,1)=\sum_{\lambda=1}^{m'}\frac{L'}{\mathrm{cc}_{1,2}^{\lambda}(t)} \tag{4.51}$$

$$\mathrm{Tcc}''_{1,2}(t,1)=\sum_{\lambda=1}^{m''}\frac{L''}{\mathrm{cc}_{1,2}^{\lambda}(t)} \tag{4.52}$$

$$t=\max\{t',t''\} \tag{4.53}$$

其中，$\mathrm{Tcc}'_{1,2}(t,1)$ 是第一次迭代后 $e'_{1,2}$ 上的内容浓度；$\mathrm{Tcc}''_{1,2}(t,1)$ 是第一次迭代后 $e''_{1,2}$ 上的内容浓度。

如果 P' 想占有较高的内容浓度，则式(4.54)成立，即

$$\frac{\mathrm{Tcc}'_{1,2}(t,1)}{\mathrm{Tcc}''_{1,2}(t,1)}<\frac{d''_{1,2}}{d'_{1,2}}=\frac{m'}{m''} \tag{4.54}$$

其中，$d'_{1,2}$ 和 $d''_{1,2}$ 分别是 $e'_{1,2}$ 和 $e''_{1,2}$ 的长度。

将式(4.51)和式(4.52)代入式(4.54)，可得到

$$\frac{L'}{\mathrm{cc}'_{1,2}(t)} < \frac{L''}{\mathrm{cc}''_{1,2}(t)} \tag{4.55}$$

$$\mathrm{cc}'_{1,2}(t) = \frac{v_2 \cdot \tau_0^{\lambda}}{\theta} \cdot \mathrm{e}^{-\theta\left(t - \frac{\varpi}{v_1}\right)} \left(\mathrm{e}^{\frac{\theta \cdot d'_{1,2}}{v_2}} - 1 \right) \tag{4.56}$$

$$\mathrm{cc}''_{1,2}(t) = \frac{v_2 \cdot \tau_0^{\lambda}}{\theta} \cdot \mathrm{e}^{-\theta\left(t - \frac{\varpi}{v_1}\right)} \left(\mathrm{e}^{\frac{\theta \cdot d''_{1,2}}{v_2}} - 1 \right) \tag{4.57}$$

将式(4.56)和式(4.57)代入式(4.55)，可得到

$$\frac{\mathrm{e}^{\frac{\theta \cdot d''_{1,2}}{v_2}} - 1}{\mathrm{e}^{\frac{\theta \cdot d'_{1,2}}{v_2}} - 1} < \frac{L''}{L'} \tag{4.58}$$

由于 $m' < m''$，根据式(4.29)和式(4.36)，可得到

$$d'_{1,2} > d''_{1,2} \tag{4.59}$$

将式(4.59)代入式(4.58)，可得到

$$\frac{\mathrm{e}^{\frac{\theta \cdot d''_{1,2}}{v_2}} - 1}{\mathrm{e}^{\frac{\theta \cdot d'_{1,2}}{v_2}} - 1} < \mathrm{e}^{\frac{\theta}{v_2}\left(d''_{1,2} - d'_{1,2}\right)} < 1 < \frac{L''}{L'} \tag{4.60}$$

显然式(4.60)恒成立。随着 I 的继续增加，m' 逐渐增多而 m'' 逐渐减少。一定次数的迭代之后，$m' > m''$ 成立，即 $P^*(I) = 1$。

综合(1)、(2)和(3)，定理 4.4 得证。

4.5 仿真与性能评价

本节针对提出的 ACOIR 机制进行仿真，并从平均路由成功率、平均迭代次数、平均路由跳数、平均路由时延、平均时间开销、平均负载均衡度等六个方面进行性能评价。

4.5.1 实验方法

许多网络拓扑能够用于性能评价，本节从互联网拓扑园(internet topology zoo)选择两个具有代表性且实际的网络拓扑用于性能评价，即 NSFNET[169]和

Deltacom[170]，分别如图 4.6 和图 4.7 所示。其中，NSFNET 包括 14 个节点和 21 条链路，有 1 个兴趣请求者和 4 个内容提供者；Deltacom 包括 97 个节点和 124 条链路，有 8 个兴趣请求者和 5 个内容提供者。此外，实验数据的收集方法是一周内每天随机地访问搜狐网站一小时。针对采集的数据，从它们的 HTTP(超文本传输协议)请求中提取相应的内容名，且初始时刻每个 CR 存放 10000 条内容条目。

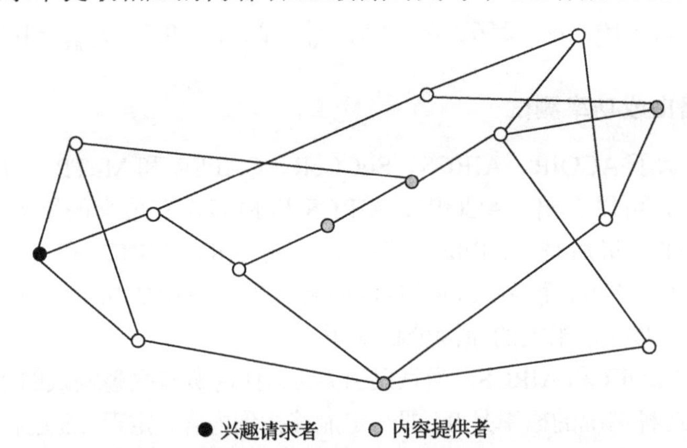

图 4.6　含有 1 个兴趣请求者和 4 个内容提供者的 NSFNET 拓扑

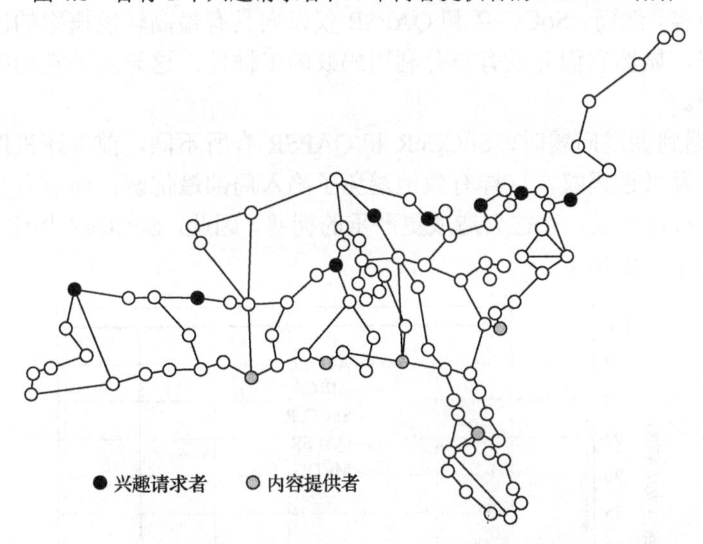

图 4.7　含有 8 个兴趣请求者和 5 个内容提供者的 Deltacom 拓扑

选择 4 个较为系统的基于 ACO 算法的 ICN 路由方案与 ACOIR 方案作对比实验，它们是来自文献[147]的考虑相似关系基于连续模型的蚁群优化 ICN 路由(ACO-inspired ICN routing based on continous model with similarity relation，AIRCS)、文献[140]的服务型内容路由(services over content-centric routing，SoCCeR)、文献[115]的感知路径选择路由(QoS-aware path selection routing，

QAPSR）和文献[142]的多路径传输路由（multipath transmission routing，MuTR）。评价的具体指标是平均路由成功率、平均迭代次数、平均路由跳数、平均路由时延、平均时间开销和平均负载均衡度。实验环境是 Intel（R）i5-4590, 3.30GHz CPU, 4GB 内存，Windows 7，采用 C++编程语言分别测试 50、100、150、200、250、300、350、400 等 8 组不同个数的兴趣请求，每组实验重复 100 次。具体仿真参数设置如下：$m=10$，$\varpi=256$，$\theta=2.5$，$\tau_0^{\lambda}=2$，$\varphi=0.5$，$I_{\max}=100$。

4.5.2 平均路由成功率测试

图 4.8 展示了 ACOIR、AIRCS、SoCCeR、QAPSR 和 MuTR 等五种方案的平均路由成功率。可以看出，ACOIR、AIRCS 和 MuTR 有最高的平均路由成功率，其次是 SoCCeR，最后是 QAPSR。特别地，ACOIR、AIRCS 和 MuTR 的平均路由成功率能达到 100%，而 SoCCeR 和 QAPSR 的平均路由成功率分别维持在（93%, 95%）和（91%, 92%）。相关的原因分析如下：

（1）对于 ACOIR 和 AIRCS，当且仅当 I 次迭代内所有兴趣蚂蚁的 TTL 到期，内容无法找到。这种情况的概率是 0，即一定能够找到内容，定理 4.3 已经给出了证明。

（2）兴趣蚂蚁到达 CR，MuTR 向所有的出口接口转发兴趣蚂蚁，自然地一定能够找到内容。然而，SoCCeR 和 QAPSR 仅仅向具有最高转发概率的出口接口转发兴趣蚂蚁，显然它们并没有充分利用蚂蚁的多样性，这导致了它们的平均路由成功率下降。

（3）在遇到拥塞问题时，SoCCeR 和 QAPSR 有所不同，前者随机地选择一个出口接口转发兴趣蚂蚁，这样有效地避免了陷入局部最优解；而后者一味地沿着同一个出口接口转发，往往会造成更严重的拥塞。因此，SoCCeR 相比 QAPSR 有较高的平均路由成功率。

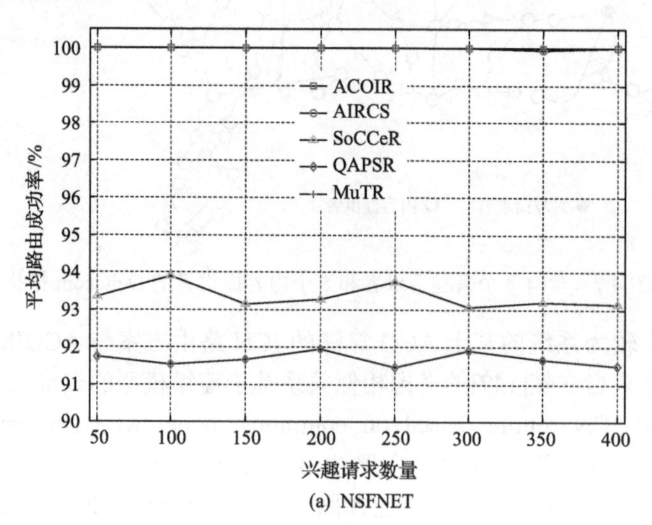

(a) NSFNET

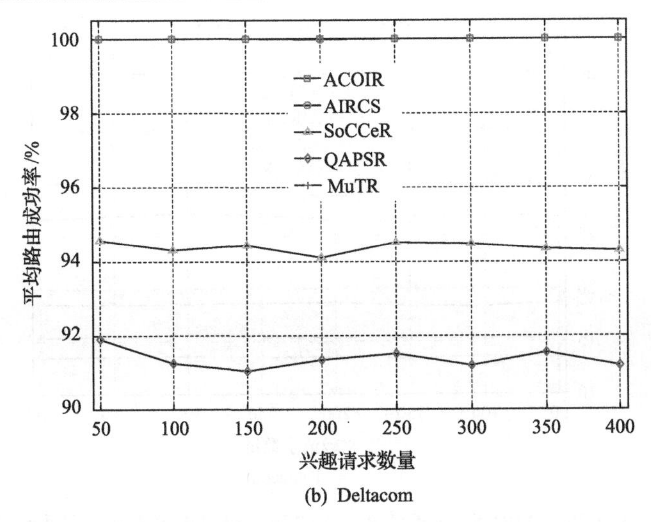

(b) Deltacom

图 4.8　ACOIR、AIRCS、SoCCeR、QAPSR、MuTR 等方案的平均路由成功率

4.5.3　平均迭代次数测试

图 4.9 展示了 ACOIR、AIRCS、SoCCeR、QAPSR 和 MuTR 等五种方案的平均迭代次数。可以看出，五种方案执行的平均迭代次数从小到大排列依次是：QAPSR、ACOIR、AIRCS、SoCCeR 和 MuTR。事实上，迭代次数很大程度上受到蚂蚁正反馈的影响，且正反馈越强迭代次数越少。一些相关的原因分析如下：

(1) QAPSR 一直沿着具有最高转发概率的出口接口转发兴趣蚂蚁，因此展现了最强的正反馈特征，即有最少的迭代次数。

(2) MuTR 采用概率的转发方式向所有的出口接口转发兴趣蚂蚁，因此展现了最弱的正反馈特征，即有最多的迭代次数。

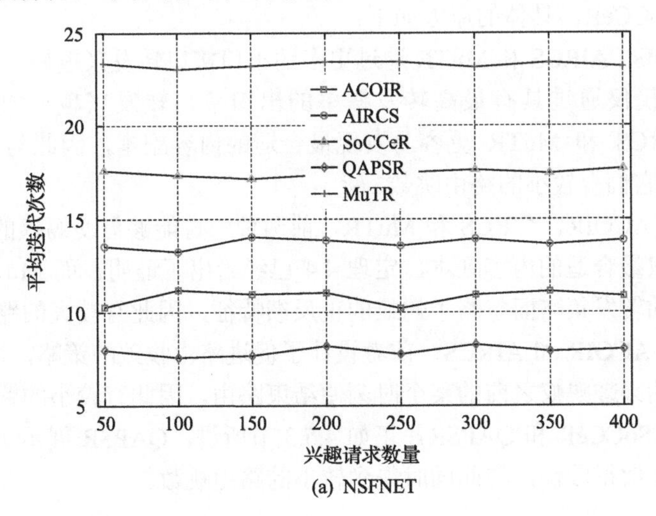

(a) NSFNET

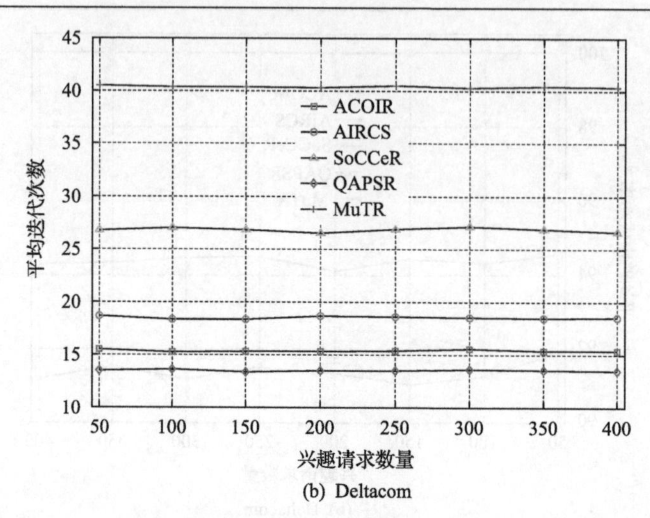

(b) Deltacom

图 4.9 ACOIR、AIRCS、SoCCeR、QAPSR、MuTR 等方案的平均迭代次数

(3) ACOIR 和 AIRCS 向具有较高转发概率的出口接口转发较多的兴趣蚂蚁，而 SoCCeR 执行随机转发，因此 ACOIR 和 AIRCS 展现了较强的正反馈特征，即有较少的迭代次数。

(4) 对于 ACOIR 和 AIRCS，如果一个 CR 上聚集了一定数量的兴趣蚂蚁，ACOIR 结束而 AIRCS 并不结束，直到其中一个 CR 上聚集所有的兴趣蚂蚁，显然 ACOIR 有较少的迭代次数。

4.5.4 平均路由跳数测试

图 4.10 展示了 ACOIR、AIRCS、SoCCeR、QAPSR 和 MuTR 等五种方案的平均路由跳数。可以看出，ACOIR 有最小的路由跳数，接着依次是 AIRCS、MuTR、QAPSR 和 SoCCeR，具体的原因如下：

(1) ACOIR、AIRCS 和 MuTR 通过更多的出口接口转发兴趣蚂蚁，而 SoCCeR 和 QAPSR 仅仅通过具有最高转发概率的出口接口转发兴趣蚂蚁，这就使得 ACOIR、AIRCS 和 MuTR 更容易发现最合适的内容副本，因此与 SoCCeR 和 QAPSR 相比它们有较小的路由跳数。

(2) 对于 ACOIR、AIRCS 和 MuTR，前两种一直能够借助蚂蚁的正反馈和多样性特征获取最合适的内容副本，定理 4.4 已经给出了证明；而 MuTR 仅仅使用了基于概率的转发策略而忽略了蚂蚁的正反馈特征，因此有较大的路由跳数。

(3) 对于 ACOIR 和 AIRCS，前者设计了促进路由收敛的策略，即在一个 CR 上聚集所有的兴趣蚂蚁之前的某个时刻便结束路由，因此有较小的路由跳数。

(4) 对于 SoCCeR 和 QAPSR，正如 4.5.3 节所讲，QAPSR 展示了较强的正反馈特征，故收敛得较快，与此同时得到较小的路由跳数。

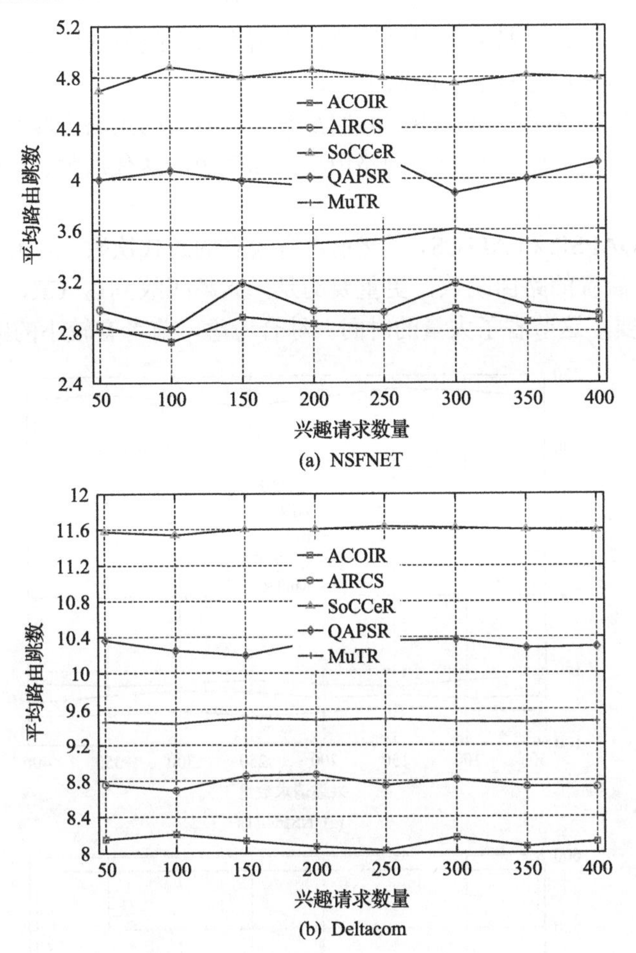

(a) NSFNET

(b) Deltacom

图 4.10 ACOIR、AIRCS、SoCCeR、QAPSR、MuTR 等方案的平均路由跳数

4.5.5 平均路由时延测试

图 4.11 展示了 ACOIR、AIRCS、SoCCeR、QAPSR 和 MuTR 等五种方案的平均路由时延。可以看出，五种方案的时延从小到大排列依次是 ACOIR、QAPSR、AIRCS、SoCCeR 和 MuTR。事实上，路由时延主要受迭代次数、路由跳数、查询次数等三方面因素的影响，一些相关的原因分析如下：

(1) 在兴趣蚂蚁转发的过程中，查询消耗的时间所占的比例非常大。ACOIR 在存储方法上应用 NPT 对内容进行有效的管理，成功地减少了查询时间，进而减少了路由时延。此外，ACOIR 有最小的路由跳数且第二少的迭代次数。综合考虑，它有最小的路由时延。

(2) 对于 MuTR，它有远大于其他四种方案的迭代次数，与此同时，也有与 QAPSR 和 SoCCeR 相比并不是太小的路由跳数。此外，MuTR 向所有的出口接口转发兴趣蚂蚁，往往容易引起网络拥塞，不利于兴趣蚂蚁的转发，从而增加了传输时延。综合考虑，它有最大的路由时延。

(3) 对于 AIRCS 和 SoCCeR，它们没有设计专门的策略去减小路由跳数。然而，相比较而言，AIRCS 有较小的路由跳数和较少的迭代次数，因此它有较小的路由时延。

(4) 对于 QAPSR 和 AIRCS，虽然前者有较多的迭代次数，但相差不多。此外，前者有远小于后者的路由跳数。更重要的是，兴趣蚂蚁到达 CR，前者并不查询 PIT 而后者需要，这节省了大量的时间。综合考虑，前者有较小的路由时延。

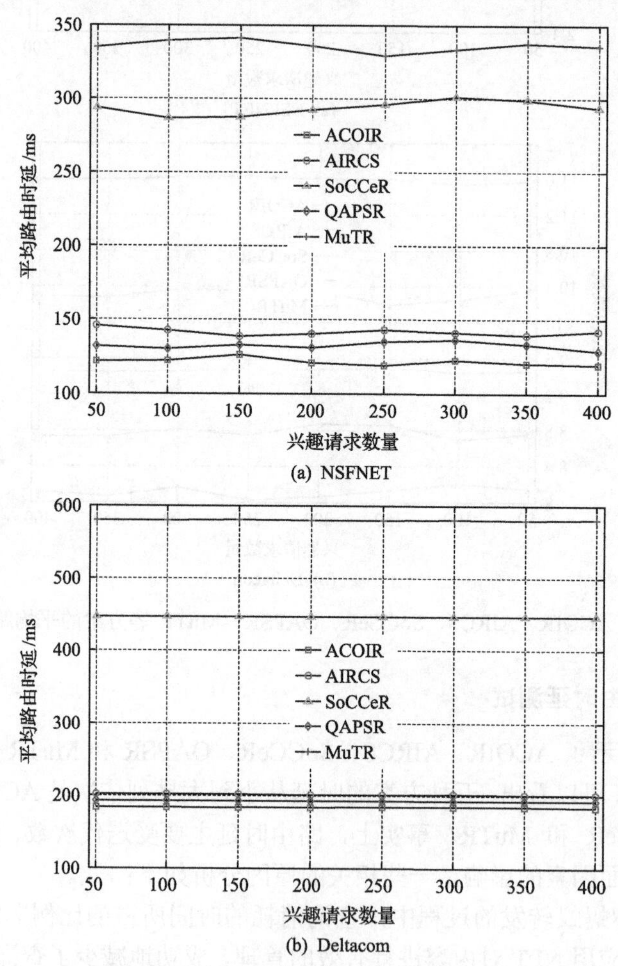

图 4.11　ACOIR、AIRCS、SoCCeR、QAPSR、MuTR 等方案的平均路由时延

4.5.6　平均时间开销测试

总的时间开销主要包括两个方面：一个是在 CR 上的计算开销，另一个是网

络中发送消息的开销。

1. 平均计算开销

图 4.12 展示了 ACOIR、AIRCS、SoCCeR、QAPSR、MuTR 和 VICNF(vanilla ICN forwarding，普通 ICN 转发)等六种方案的平均计算开销，其中，计算开销主要是由 CS 中内容查找、PIT 中内容浓度感知及 FIB 中转发决策等三部分组成(如定理 4.2 所示)。可以看出，VICNF 花费最小的平均计算开销，接着依次是 ACOIR、QAPSR、AIRCS、SoCCeR 和 MuTR，这是因为 VICNF 采用确定式的转发策略而其他五种方案是基于概率的转发。显然 ACO 算法的引入增加了处理 CR 的时间，且进一步增加了路由时延，从这一方面讲 VICNF 具有良好的性能。然而，遗憾的

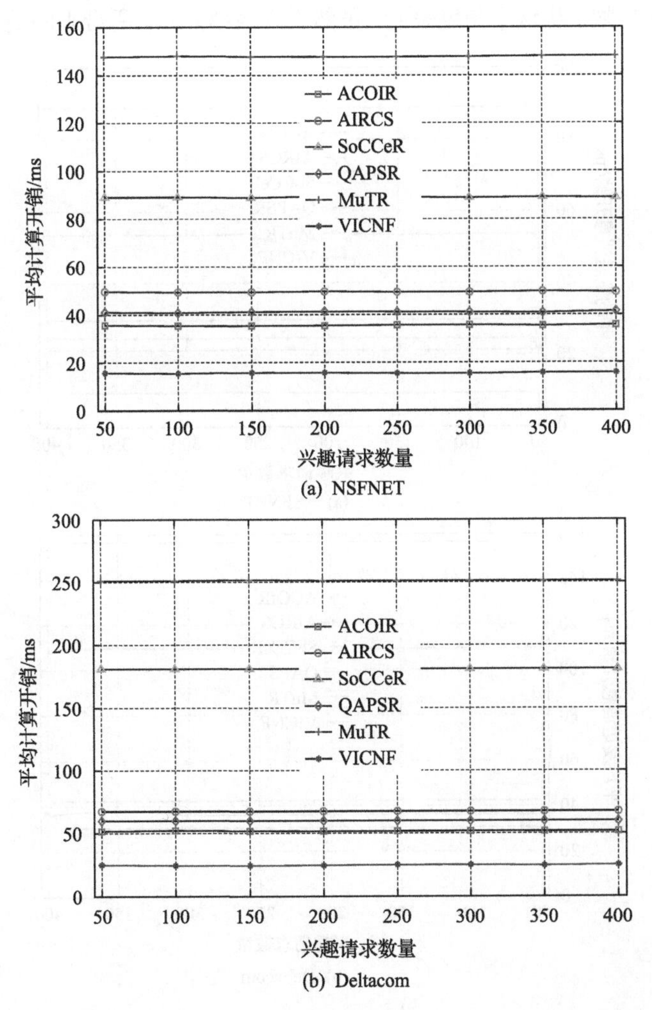

(a) NSFNET

(b) Deltacom

图 4.12　ACOIR、AIRCS、SoCCeR、QAPSR、MuTR、VICNF 等方案的平均计算开销

是，VICNF 既不能智能地解决 ICN 的路由问题，也不能确保获取到最合适的内容副本。针对其余五种方案计算开销存在大小不同的原因，已经在 4.5.5 节进行了详细的阐述，这里就不再赘述。

2. 平均发送消息开销

网络中发送消息的开销产生于兴趣请求者不断地向网络中发送兴趣蚂蚁，根据不同的网络状态，将会引起不同程度的网络拥塞。图 4.13 展示了 ACOIR、AIRCS、SoCCeR、QAPSR、MuTR 和 VICNF 等六种方案的平均发送消息开销，其中，VICNF 依然消耗最小的消息开销，接着依次是 ACOIR、QAPSR、AIRCS、SoCCeR 和 MuTR，这是因为 VICNF 每次仅仅向网络中发送一个请求而其他五种方案却需要向网络中发送一群兴趣蚂蚁。从这个角度来看，虽然引入 ACO 算法所带来的消息开销增加了

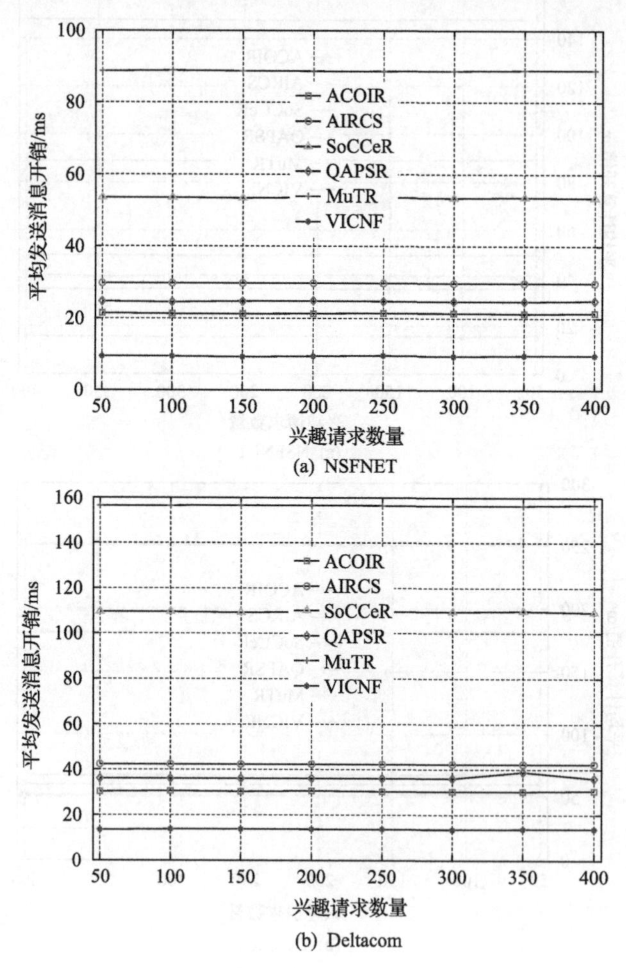

图 4.13　ACOIR、AIRCS、SoCCeR、QAPSR、MuTR、VICNF 等方案的平均发送消息开销

路由时延，但是实际上ACO算法的引入是为了以一种协作自组织的方式获取最合适的内容副本，且尽可能地执行较小的路由时延。正如上述所讲，不同的消息发送和转发状态，网络面临的拥塞情况有所不同，故造成的消息开销也各有不同。

特别地，MuTR向所有的CR发送兴趣蚂蚁，这相当于洪泛，因此产生最大的消息开销。ACOIR根据链路上的内容浓度仅仅向某一些CR发送兴趣蚂蚁，有效地实现了蚂蚁正反馈和多样性两个特征的平衡，这在较大程度上减轻了网络的拥塞，因此有最小的消息开销。针对AIRCS、SoCCeR和QAPSR消息开销存在大小不同的原因，这里不再赘述。

3. 平均时间开销

图4.14展示了ACOIR、AIRCS、SoCCeR、QAPSR和MuTR等五种方案的

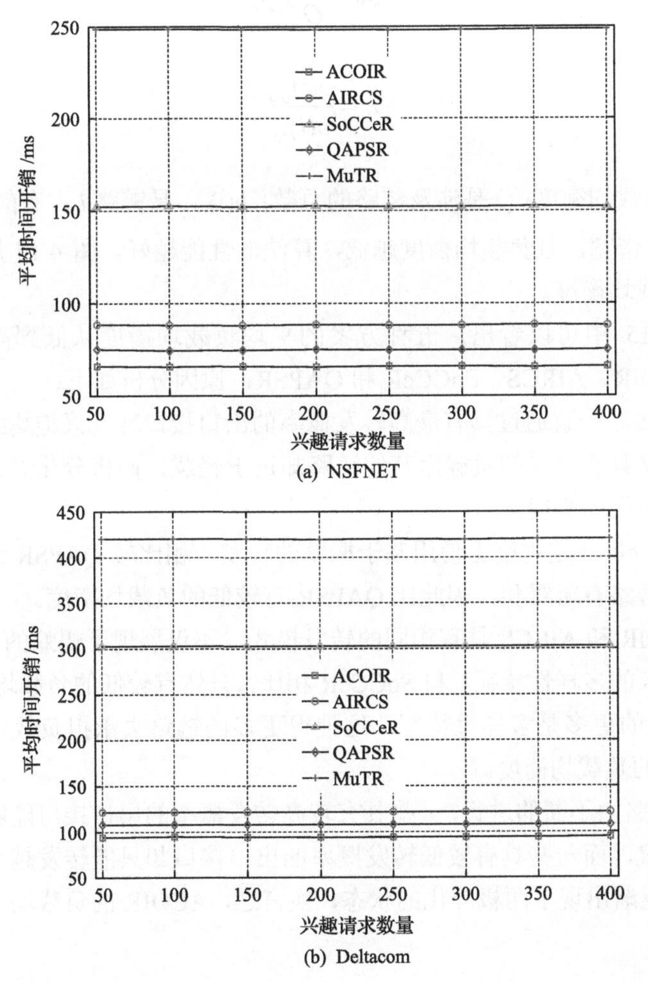

图4.14　ACOIR、AIRCS、SoCCeR、QAPSR、MuTR等方案的平均时间开销

平均时间开销。可以看出，ACOIR 有最小的时间开销，接着依次是 QAPSR、AIRCS、SoCCeR 和 MuTR，相关的原因如上两部分所讲，这里不再赘述。

4.5.7　平均负载均衡度测试

用离散系数衡量负载均衡度，计算如式(4.61)～式(4.63)所示：

$$\rho = \frac{\sqrt{\sum_{i=1}^{Q}((r_i - r_{\text{ave}})^2 / Q)}}{r_{\text{ave}}} \tag{4.61}$$

$$r_{\text{ave}} = \frac{1}{Q}\sum_{i=1}^{Q} r_i \tag{4.62}$$

$$r_i = \frac{b(i)_{\text{occ}}}{b(i)_{\text{tot}}} \tag{4.63}$$

其中，ρ 是负载均衡度；Q 是涉及链路的总数；$b(i)_{\text{occ}}$ 是链路 i 占有的带宽；$b(i)_{\text{tot}}$ 是链路 i 的总带宽，且负载均衡度越低，算法的性能越好。图 4.15 展示了五种方案的平均负载均衡度。

从图 4.15 中可以看出，五种方案的平均负载均衡度从低到高排列依次是 MuTR、ACOIR、AIRCS、SoCCeR 和 QAPSR，原因分析如下：

(1) QAPSR 一直通过具有最高转发概率的出口接口转发兴趣蚂蚁，这导致这些转发的链路具有严重的负载而其他链路却过于轻载，两极分化尤为严重，因此它有最高的负载均衡度。

(2) SoCCeR 一定程度上使用基于概率的转发，相比较 QAPSR 而言，能够使过于重载的链路有所缓和，因此比 QAPSR 有较低的负载均衡度。

(3) ACOIR 和 AIRCS 具有相同的转发模式，不仅展现了蚂蚁的正反馈特征，也展示了蚂蚁的多样性特征，与 SoCCeR 相比，自然有较低的负载均衡度。然而，ACOIR 反映的更多是多样性特征，这使得更多的链路去承担负载，因此具有比 AIRCS 更低的负载均衡度。

(4) 随着路由不断的进行，一些具有较高转发概率的出口接口能够转发越来越多的兴趣蚂蚁，而一些具有较低转发概率的出口接口却只能转发越来越少的兴趣蚂蚁，因此逐渐出现了两极分化的状态，换言之，ACOIR 的负载均衡度不可能低于 MuTR。

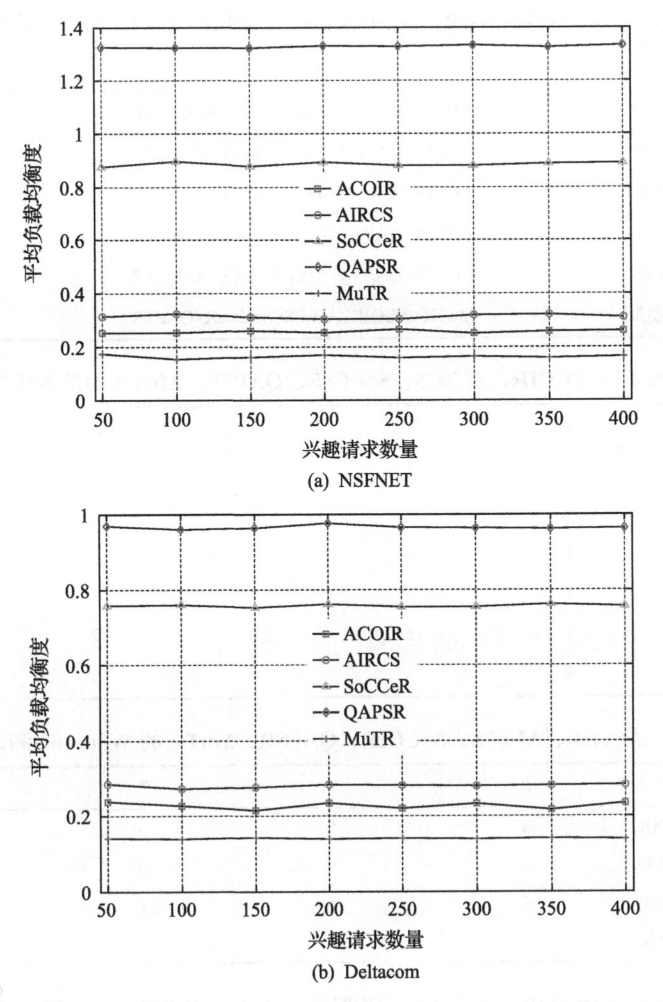

图 4.15　ACOIR、AIRCS、SoCCeR、QAPSR、MuTR 等方案的平均负载均衡度

4.5.8　综合性能评比

从以上的分析可以看出，并不是某一个方案一直有最好的性能，因此为了更为直观地反映出哪个方案的性能较好，本节给出一个特定的方法对五种方案进行综合性能的评比，大致包括如下三个步骤：①对五种方案就各个指标进行数学关系排序，结果如表 4.2 所示；②对于同一个指标，就不同的方案给出从 1 到 5 的数字排名，且性能较好的方案赋予较小的数字，性能相同的方案则赋予相同的数字，结果如表 4.3 所示；③对表 4.3 中的数据进行 Wilcoxon 测试，假设置信水平为 0.1，得到的结果如表 4.4 所示。

表 4.2　ACOIR、AIRCS、SoCCeR、QAPSR、MuTR 的数学关系

指标	数学关系	注释
平均路由成功率	ACOIR=AIRCS=MuTR>SoCCeR>QAPSR	越高越好
平均迭代次数	QAPSR<ACOIR<AIRCS<SoCCeR<MuTR	越小越好
平均路由跳数	ACOIR<AIRCS<MuTR<QAPSR<SoCCeR	越小越好
平均路由时延	ACOIR<QAPSR<AIRCS<SoCCeR<MuTR	越小越好
平均时间开销	ACOIR<QAPSR<AIRCS<SoCCeR<MuTR	越小越好
平均负载均衡度	MuTR<ACOIR<AIRCS<SoCCeR<QAPSR	越低越好

表 4.3　ACOIR、AIRCS、SoCCeR、QAPSR、MuTR 的排名结果

指标	ACOIR	AIRCS	SoCCeR	QAPSR	MuTR
平均路由成功率	1	1	4	5	1
平均迭代次数	2	3	4	1	5
平均路由跳数	1	2	5	4	3
平均路由时延	1	3	4	2	5
平均时间开销	1	3	4	2	5
平均负载均衡度	2	3	4	5	1

表 4.4　ACOIR、AIRCS、SoCCeR、QAPSR、MuTR 的 Wilcoxon 测试结果

对比	R^0	R^+	R^-	p 值
AIRCS vs. ACOIR	1	5	0	0.038
SoCCeR vs. ACOIR	0	6	0	0.026
QAPSR vs. ACOIR	0	5	1	0.071
MuTR vs. ACOIR	1	4	1	0.078

通过表 4.4 可以看出，所有的 p 值都小于 0.1，这说明 ACOIR 有最好的性能，这是因为 ACOIR 综合考虑并设计了 CS、PIT 和 FIB，是一个较为系统的方案，而其他四种方案仅仅关注转发策略的设计，即忽略了 CS 和 PIT。

4.6　本章小结

虽然 ICN 是一个较有前瞻性的网络范式，但是它的路由正面临着一系列的问题，如路由表的爆炸式增长、很难获取最合适的内容副本以及内容无法找到需要重新发包等。本章针对这些问题，提出了一个具有仿生能力的 ICN 路由机制，即 ACOIR，创造性地将 ACO 的特性完美地结合到 ICN 路由中，以此设计了存储/查询(CS)模块、内容浓度感知(PIT)模块和兴趣转发(FIB)模块。除此之外，对提出的 ACOIR 机制进行了理论方面的证明，并给出了实验层面上的验证，如平均路由成功率、平均迭代次数、平均路由跳数、平均路由时延、平均时间开销和平均负载均衡度等。特别地，ACOIR 在 NSFNET 和 Deltacom 上都具有较高的成功率，这进一步说明了所设计机制的可行性和稳定性。

第5章　基于蚁群和支持移动性的ICN路由机制

ICN内在地支持移动性，然而它仅仅支持兴趣请求者移动，却不能很好地支持内容提供者移动，这就导致在内容提供者移动之后兴趣请求者很难甚至不可能获取最合适的内容副本。为此，本章将设计基于蚁群和支持移动性的ICN路由机制，用于解决内容提供者移动问题。首先，本章设计酒精挥发模型，并在此基础上改进内容浓度更新模型；其次，设计基于轮盘赌的策略去选择转发接口；再次，设计完整的路由机制解决移动性问题；最后，在随机和实际的网络拓扑中对提出的路由机制予以验证。

5.1　引　　言

5.1.1　研究动机

1. 移动性的产生

移动性支持是ICN的一个重要话题，然而移动性因何发生呢？这要从内容提供者移动和兴趣请求者移动两个方面说起。

内容提供者移动包括两个层面的含义。一个是狭义的：内容提供者是固定网络拓扑中的路由器，由于网内缓存的内容不断地换入换出，这可能导致本来能够提供最合适内容副本的内容提供者不能再提供内容；这种由于缓存的原因，内容从一个路由器转移到另外一个路由器的现象称为狭义的内容提供者移动；特别地，内容转移前后对应的路由器都是内容提供者。另一个是广义的：与传统的物理设备相比，移动设备和移动终端已经被广泛使用，ICN要想更好地部署和发展，必然要融合这些移动设备和终端，依靠它们来提供所需的内容；一般来说，这些移动的设备和终端大都由用户持有，他们能够随机地加入或者离开一个特定的网络环境(如到达新的环境接入新的Wi-Fi)，因此这种内容提供者移动的现象是指用户移动。显然，对于内容提供者移动，狭义的移动性没有用户的参与，而广义的移动性有用户的参与。

对于兴趣请求者移动，ICN是支持的，因为在移动的过程中它能够重新发送新的兴趣请求，这是由ICN属于兴趣驱动型网络这一事实决定的；并且文献[171]已经用实验证明了在兴趣请求者移动的过程中，ICN能够处理高达97%的兴趣请求。

由于ICN内在地支持兴趣请求者移动，而不能为内容提供者移动提供一套完整的解决方案，所以本章主要解决内容提供者移动问题，并且此后本章所说的移动性均指是内容提供者移动。

2. 移动性带来的挑战

不论是狭义的移动还是广义的移动，原来的内容提供者已经不可能再提供满足兴趣请求者的内容，并且当前的内容提供者由于新设备的加入也可能不是最合适的内容提供者，这些因素无疑增加了ICN路由的挑战性。

首先，移动性破坏了层次化命名空间，导致兴趣请求者与内容提供者之间原来的路径失效。例如，CCN中内容的命名大多是基于静态放置的组织结构，因此移动性会使层次化命名结构遭到破坏，加大了问题的处理难度[154]。另外，移动性要求网络必须对内容提供者的位置信息进行全局更新才能保证正常通信，否则兴趣请求者发出的请求只会在内容提供者的原接入点处聚集。从实际的角度出发，ICN处理的内容对象远远多于传统的网络，因此高频率的移动性会带来巨大的路由更新代价，并使网络难以继续扩展。

其次，若没有额外的策略去更新地理位置信息，则实时服务将会中断。内容提供者接入到其他接入点后，其路由前缀必须根据当前网络的组织名称来重新设定，因此兴趣请求者在没有被通知新的名字之前无法获取所需的内容，这种情况下，实时服务至少在一次往返周期内是中断的。例如，电话业务中双方都需要获取对方提供的内容，一旦双方都发生了移动，那么通信双方便再也无法知道对方新的名字，由此通信被迫中断[155]。

最后，内容提供者重新接入后，兴趣请求者需要重新发送请求来恢复数据，然而这种方式降低了网络性能。在ICN中，如果路由器缓存中不存在与兴趣请求相关的内容，那么内容路由器只会转发第一个到来的兴趣请求，并且将其他的请求进行聚集。当相应的内容到达后，该内容路由器直接通过多播的方式将请求的内容返回给各个用户。然而内容提供者发生移动后，所有的兴趣请求将得不到满足。即便是内容提供者重新接入网络，除非先前的所有兴趣请求全部过期，否则网络只会继续聚集新的兴趣请求，而不会将新的兴趣请求进行转发。针对这一问题，很容易想到在兴趣请求中添加一个标识符，通过标识符来判断当前的兴趣请求是否需要转发[172]。该方案确实可以解决一对一通信的情形，然而在多径路由中，却可能引起信息爆炸[154]。例如，内容提供者重新接入网络后，多个兴趣请求者同时向该内容提供者发出新的兴趣请求；如果网络中已经聚集了很多同样的兴趣请求，那么网络必须复制足够多的数据来满足这些兴趣请求者，这样一来，网络很可能会发生拥塞现象，甚至面临瘫痪。

3. *移动性的解决方法*

前面我们已经讨论了解决 ICN 路由过程中的移动性问题，如基于网络嵌入和拓扑感知、虚拟坐标、汇聚点、代理节点、蚁群等方案。其中，前四种方案不能发挥出自适应的效果，并且内容移动之后不能确保一定能够获取到最合适的内容副本。鉴于在 3.2.6 节已经说明了基于仿生学的方案能够有效地解决 ICN 的移动性问题，并且在 3.4.2 节也阐述了因为移动性因素蚂蚁能够应用于求解 ICN 路由问题，因此，我们认为基于蚁群的方案能够很好地支持 ICN 路由面临的移动性挑战。虽然文献[121]设计了基于动态 ACO 的方案解决内容移动问题，但是它存在以下几处不足：①当信息素不足时，很难发现兴趣请求者和内容提供者之间的最短距离。②兴趣请求者很可能找不到移动后最合适的内容提供者，因为它仅仅假设移动的内容在移动的路径上撒下信息素。③由于内容移动的轨迹被一直记录，故不能发现网络中所有的内容提供者，并且这种假设是不合理的，它违背了实际的蚂蚁觅食行为。

本章利用蚂蚁真实的觅食行为，即一定的时间过后，一群蚂蚁能够找到所有的食物源(内容提供者)；当时间达到一定的水平，这群蚂蚁能够找到最近的食物源(最合适的内容提供者)，即所有的蚂蚁聚集到最近的食物源(内容提供者)。在这个过程中，不论食物(内容)移动到哪个地方，蚂蚁都能够通过它们的自组织、相互协作的能力找到最近的内容源(最合适的内容提供者)。

5.1.2 主要贡献点

近年来已经开展了一些针对 ICN 移动性的研究，如文献[154]和文献[118]～[121]，虽然它们在一定程度上解决了路由过程中的移动性问题，但都存在一些不足，如无法确保获取最合适的内容副本、造成严重的网络负载、稳定性差等。本章针对这些不足，利用蚂蚁群体协作、自组织、自适应等特点，提出基于蚁群和支持移动性的 ICN 路由机制，从而智能地解决移动性问题。具体地讲，本章的主要贡献点总结如下：

(1) 本章延续酒精挥发模型，提出改进的且连续的内容浓度更新模型，从基于距离的积分转变为基于时间的积分，缩小物理拓扑中的距离概念。除此之外，不再从第一次迭代、逐次累加的角度出发，而是从剩余内容浓度与新增内容浓度的角度出发计算当前链路/路径上的内容浓度，以此呈现较为简单的通项公式，进一步节约大量的计算时间。

(2) 与第 3 章相似，设计基于概率的随机转发策略。然而不同之处在于：①对于可转发接口的计算，给出一个更为简便的方法。②第 3 章只强调兴趣蚂蚁到达一个物理位置会留下一定量的内容浓度，不考虑链路上的初始内容浓度，即零；

而本章假设每个链路上具有相同的初始内容浓度，这样第一次转发概率的计算不再是基于拓扑的物理距离，而是基于初始的内容浓度。③虽然第 3 章有效地展示了蚂蚁多样性与正反馈的平衡，但在多样性的展示上出现了不稳定的现象，即针对同一只兴趣蚂蚁可能有不同的选择；本章基于轮盘赌模型，在保证多样性与正反馈平衡的情况下，为每一只兴趣蚂蚁选择一个确定的转发接口。

(3)不同于当前的研究工作，本章将 ICN 中的内容移动现象总结为四类典型的移动场景，并针对这四种场景设计基于蚁群和支持移动性的 ICN 路由(ACO-inspired ICN routing with mobility support，AIRM)机制。

5.2　系统框架结构

如图 5.1 所示，用户想获取内容 video.mp4，需向网络中发送名为/sports.sohu.com 的兴趣请求，三种分类情况如下：

(1)假设初始时 B 和 E 都能提供 video.mp4，则 B 能以 1ms 的时间为用户提供最近的内容副本。

(2)若内容从 B 移动到 C，则 B 不再是内容提供者，此时 C 能以 4ms 的时间为用户提供最近的内容副本。

(3)若内容从 B 移动到 F，则 E 能以 6ms 的时间为用户提供最近的内容副本。

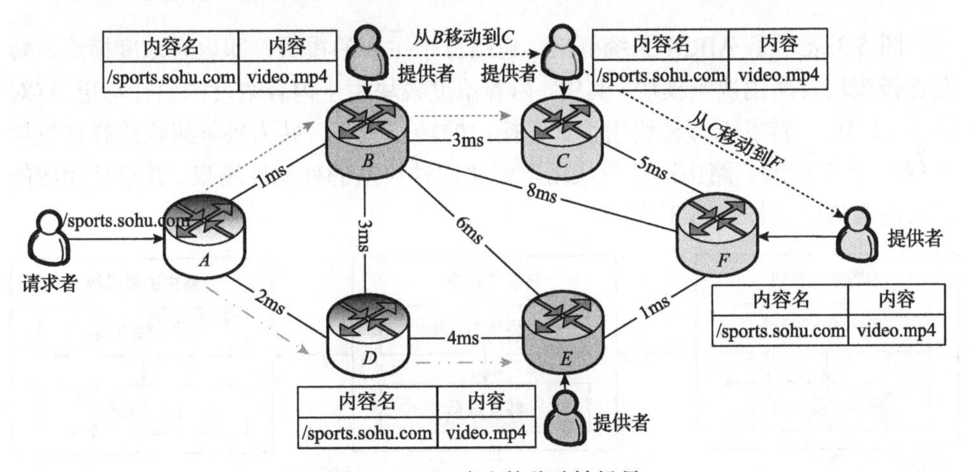

图 5.1　ICN 路由的移动性场景

这些简单的例子说明了内容的移动将使最合适的内容提供者发生改变，进而影响内容的获取过程。用文献[121]的方法，面对第(2)种情形，它能够从 C 中获取最近的内容副本；然而面对第(3)种情形，它只能从 F 中获取内容但并不是最近的内容副本；这是因为它仅仅在 B 到 C 或者 B 到 F 的路径上留下信息素。在 AIRM 机制中，既不需要重新发送新的兴趣请求，也不需要针对某一段链路/路径而留下内容浓度，只需根据链路/路径上的内容浓度实时地调整兴趣蚂蚁的转发方向，进而找到移动后的最合适的内容提供者，并且这个过程是自适应的、自组织的，无需过多的人工参与。

如图 5.2 所示，CS 包含内容名和内容两个字段；PIT 包括内容名和入口接口两个字段；FIB 包含内容名、出口接口、内容浓度和转发概率四个字段。显然地，CS 与第 4 章的设计相同，而 PIT 和 FIB 却不同。

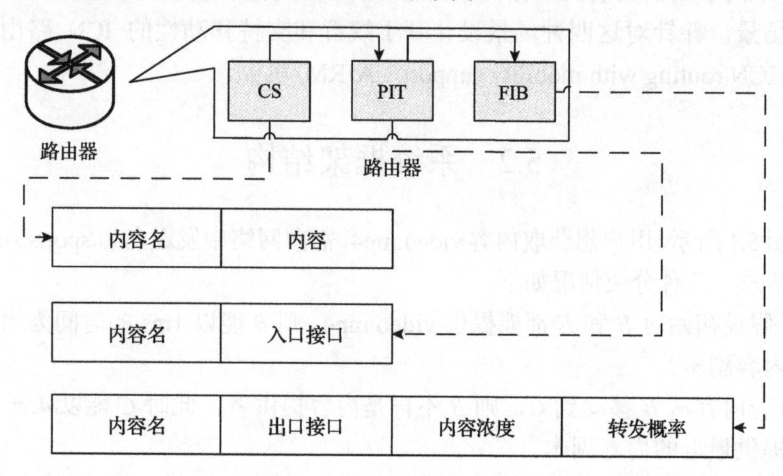

图 5.2　CS、PIT、FIB 结构

图 5.3 展示了 AIRM 系统框架，包括三个主要的模块，即内容浓度模块、转发选择模块及路由决策模块。其中，内容浓度模块用于内容浓度的设计与更新(对应 5.3.1 节)；转发选择模块用于计算接口的转发概率，并为兴趣蚂蚁选择转发接口(对应 5.3.2 节)；路由决策模块用于解决四种典型的移动性场景，并设计相应的路由决策规则(对应 5.3.3 节)。

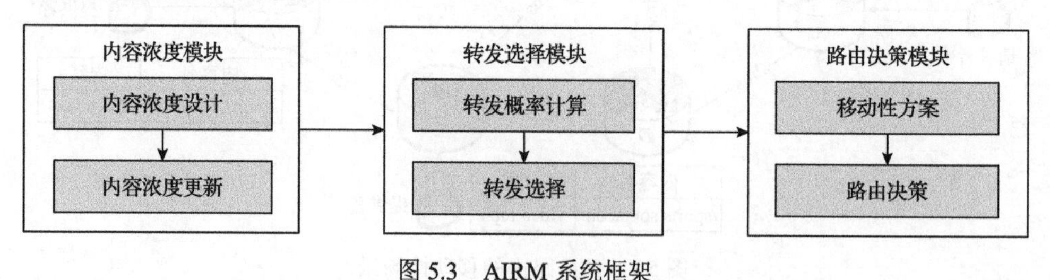

图 5.3　AIRM 系统框架

5.3　基于移动性路由机制的设计

本节是本章的重点，首先改进内容浓度的设计，其次基于轮盘赌模型为兴趣蚂蚁选择确定的转发接口，最后对不同的移动场景设计统一的路由决策方案。本章出现的一些数学符号与第 4 章相同，故不再对其进行详细的解释。

5.3.1　内容浓度的设计与更新

在第 4 章的设计中，考虑了物理链路上的时延，然而我们所研究的 ICN 属于有线网络，故物理链路上的传播时延与处理兴趣蚂蚁的时延相比显得微不足道(见式(4.16))。尤其在内容移动时，兴趣蚂蚁需高速爬行(见假设 4.2)，否则将无法适应不断变化的网络状态。基于这两点考虑，本章设计忽略了网络拓扑中物理链路上的传播时延，即内容浓度仅仅与时间存在函数关系。

酒精浓度随时间的变化关系如图 5.4 所示，可以看出随着时间的推移，酒精逐渐挥发且逐渐趋于零。

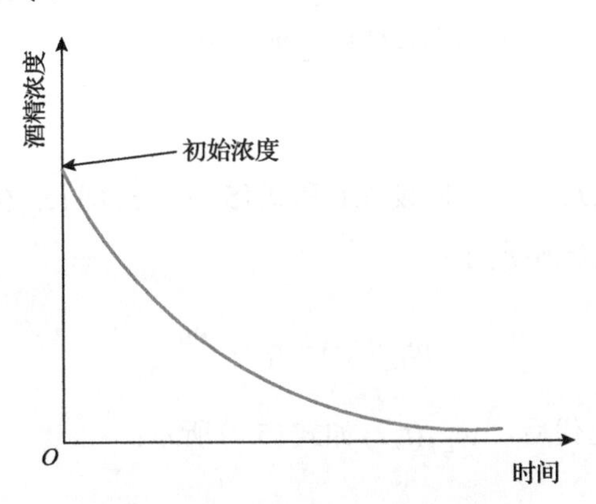

图 5.4　酒精浓度和时间的函数关系

基于酒精挥发模型，只考虑内容浓度 $\tau(t)$ 与时间 t 之间的关系，可得到

$$\frac{\partial \tau(t)}{\partial t} = -\theta \cdot \tau(t) \tag{5.1}$$

通过解微分方程(5.1)，可得到

$$\tau(t) = \tau(0) \cdot \mathrm{e}^{-\theta t} \tag{5.2}$$

其中，$\tau(0)$ 是初始内容浓度；$\tau(t)$ 在 $t \in [0,+\infty)$ 上是一个连续可微的函数。为了方便建立某个时刻链路上总的内容浓度模型，给出以下两个假设。

假设 5.1　初始时刻，每条链路上有同样的内容浓度，记为 τ_0。

假设 5.2　兴趣蚂蚁到达一个物理位置，它留下相同的内容浓度，记为 τ。

本章计算 $\mathrm{Tcc}_{i,j}(t,I)$ 不再像式(4.20)一样从第一次迭代、逐次累加，而是将其划为第 I 次迭代后，$e_{i,j}$ 上剩余内容浓度与新增内容浓度两个部分，分别记为 $\mathrm{rc}_{i,j}(t,I)$ 和 $\mathrm{ac}_{i,j}(\Delta t_I, I)$，可得到

$$\mathrm{Tcc}_{i,j}(t,I)=\mathrm{rc}_{i,j}(t,I)+\mathrm{ac}_{i,j}(\Delta t_I,I) \tag{5.3}$$

首先计算$\mathrm{ac}_{i,j}(\Delta t_I,I)$。根据假设 5.2，$\mathrm{ia}_\lambda$ 到达一个物理位置必然对应一个时刻t，与此同时留下τ大小的内容浓度。用$\mathrm{ac}_{i,j}^{\lambda}(\Delta t_I,I)$代表第$I$次迭代后$e_{i,j}$上新增的内容浓度，根据式(5.2)可得到

$$\mathrm{ac}_{i,j}^{\lambda}(\Delta t_I,I)=\int_0^{\Delta t_I}\tau\cdot \mathrm{e}^{-\theta t}\mathrm{d}t \tag{5.4}$$

事实上，$\mathrm{ac}_{i,j}(\Delta t_I,I)$是$m$个$\mathrm{ac}_{i,j}^{\lambda}(\Delta t_I,I)$的积累，即

$$\mathrm{ac}_{i,j}(\Delta t_I,I)=\sum_{\lambda=1}^{m}\mathrm{ac}_{i,j}^{\lambda}(\Delta t_I,I)\cdot x_\lambda \tag{5.5}$$

其中，x_λ的取值如式(4.19)所示。

然后计算$\mathrm{rc}_{i,j}(t,I)$。根据假设 5.1 和式(5.2)，τ_0即$\mathrm{rc}_{i,j}(t,0)$，那么第一次迭代后，$\mathrm{rc}_{i,j}(t,1)$如式(5.6)所示：

$$\mathrm{rc}_{i,j}(t,1)=\tau_0\cdot \mathrm{e}^{-\theta\Delta t_1} \tag{5.6}$$

同理，第二次迭代后，$\mathrm{rc}_{i,j}(t,2)$如式(5.7)所示：

$$\mathrm{rc}_{i,j}(t,2)=\left(\tau_0\cdot \mathrm{e}^{-\theta\Delta t_1}+\sum_{\lambda=1}^{m}\mathrm{ac}_{i,j}^{\lambda}(\Delta t_1,1)\cdot x_\lambda\right)\cdot \mathrm{e}^{-\theta\Delta t_2}=\mathrm{Tcc}_{i,j}(t-\Delta t_2,1)\cdot \mathrm{e}^{-\theta\Delta t_2} \tag{5.7}$$

推广式(5.7)到任意I，则得到

$$\mathrm{rc}_{i,j}(t,I)=\mathrm{Tcc}_{i,j}(t-\Delta t_I,I-1)\cdot \mathrm{e}^{-\theta\Delta t_I} \tag{5.8}$$

将式(5.5)和式(5.8)代入式(5.3)，可得到

$$\mathrm{Tcc}_{i,j}(t,I)=\sum_{\lambda=1}^{m}\mathrm{ac}_{i,j}^{\lambda}(\Delta t_1,1)\cdot x_\lambda+\mathrm{Tcc}_{i,j}(t-\Delta t_I,I-1)\cdot \mathrm{e}^{-\theta\Delta t_I} \tag{5.9}$$

其中，当$I=0$时，式(5.9)无意义。根据假设 5.1，当$I=0$时，$\mathrm{Tcc}_{i,j}(t,I)=\tau_0$。显然式(5.9)是一个连续的函数，故本章设计的内容浓度更新模型也是连续的。特别的，与式(4.20)相比，式(5.9)呈现了较为简单的通项公式，方便了内容浓度的计算，并且在计算的过程中不再考虑物理链路上的传播时延，这将节约大量的路由时延。

5.3.2　基于轮盘赌模型的转发选择

本节需要解决三个问题：①可转发接口的确定；②转发概率的计算；③转发接口的选择。

1. 可转发接口的确定

与 4.3.3 节第 1 部分对应，给出一个更为简便的方法计算 Fw_i^{λ}，只需定义遍历 CR 和下一跳 CR。

定义 5.1（遍历 CR）　如果一些 CR 在 ia_{λ} 到达 CR_i 时已经被遍历，那么它们称为遍历 CR。假设它们对应的集合为 Tr_i^{λ}，考虑 ia_{λ} 从 CR_k 爬行到 CR_i，则

$$\mathrm{Tr}_i^{\lambda}=\mathrm{Tr}_i^{\lambda}\bigcup\{\mathrm{CR}_k\}\tag{5.10}$$

其中，若 CR_i 是兴趣请求者，则

$$\mathrm{Tr}_i^{\lambda}=\varnothing\tag{5.11}$$

定义 5.2（下一跳 CR）　当 ia_{λ} 到达 CR_i，除 CR_i 之外与 CR_i 相邻的所有 CR 称为 ia_{λ} 的下一跳 CR，用 Nh_i^{λ} 代表它们对应的集合。

基于定义 5.1 和定义 5.2，可得到

$$\mathrm{Fw}_i^{\lambda}=\mathrm{Nh}_i^{\lambda}-\mathrm{Nh}_i^{\lambda}\bigcap\mathrm{Tr}_i^{\lambda}\tag{5.12}$$

本章求解 Fw_i^{λ} 只需两个定义、两个步骤，而第 4 章求解 Fw_i^{λ} 却需要三个定义、三个步骤，显然本章提供的计算方法较为简便。仍以图 4.2 中的拓扑为例，ia_{λ} 从 A 出发，则它的转发线路依然是 $A\to B\to D\to F\to E$。

2. 转发概率的计算

对于每个出口接口，其转发概率取决于出口接口对应链路上的内容浓度，仿照式(4.30)，基于式(4.32)，可得到

$$\mathrm{fp}_{i,j}^{\lambda}(t,I)=\frac{\mathrm{Tcc}_{i,j}(\Delta t_{I-1},I-1)}{\sum\limits_{\mathrm{CR}_{io}\in\mathrm{Fw}_i^{\lambda}}\mathrm{Tcc}_{i,io}(\Delta t_{I-1},I-1)}\tag{5.13}$$

其中，$\mathrm{CR}_j\in\mathrm{Fw}_i^{\lambda}$；特别地，式(5.13)是一个连续的函数，其定义域是 $\left[1,I_{\max}\right]$。然而式(4.31)在初始概率计算时依赖的是网络拓扑的物理距离（它假设初始时刻

所有链路上的内容浓度为零)，故呈现了分段函数的形式。相比之下，式(5.13)展示了较为统一的通项公式，在转发概率的计算上节省了一定的时间。

3. 转发接口的选择

第 4 章已经介绍了具体的转发决策，然而它过度展现了蚂蚁的多样性特征，即不能为一只兴趣蚂蚁选择一个确定的转发接口。参考式(4.33)～式(4.36)举例说明：假设 CR_i 接到 10 只兴趣蚂蚁，且有三个可转发的接口，其转发概率分别是 $\mathrm{fp}_{i,i1}^{\lambda}=0.65$、$\mathrm{fp}_{i,i2}^{\lambda}=0.18$ 和 $\mathrm{fp}_{i,i3}^{\lambda}=0.17$，则得到如下三组不同的结果：

(1) $m_{i1}=6$，$m_{i2}=2$，$m_{i3}=2$；

(2) $m_{i1}=7$，$m_{i2}=2$，$m_{i3}=1$；

(3) $m_{i1}=7$，$m_{i2}=1$，$m_{i3}=2$。

显然这是不确定的转发，暴露了系统的不稳定性，因此有必要设计一个具有唯一结果的兴趣蚂蚁转发方案，以确保系统的稳定性。

为了得到 m_{io}，设一个中间变量 m'_{io}，令

$$m'_{io}=\left\lfloor \gamma\cdot \mathrm{fp}_{i,io}^{\lambda}(t,I)\right\rfloor \tag{5.14}$$

其中，γ 是一个正常数变量。如果满足

$$\sum_{o=1}^{w_i} m'_{io}=m_i \tag{5.15}$$

则得到

$$m_{io}=m'_{io} \tag{5.16}$$

否则用 rm_i 代表未确定转发接口的兴趣蚂蚁数量，可得到

$$\mathrm{rm}_i=m_i-\sum_{o=1}^{w_i} m'_{io} \tag{5.17}$$

接下来为 rm_i 只兴趣蚂蚁选择转发接口，此时采用轮盘赌模型。同样地，系统为其中的每一只兴趣蚂蚁随机产生一个 (0,1) 之间的数值，如果满足式(4.33)，那么得到

$$m'_{i\kappa}\leftarrow m'_{i\kappa}+1 \tag{5.18}$$

这样就为 m_i 只兴趣蚂蚁确定了具体的转发方向。假设 $\gamma=10$，以本部分开头的例子作为验证结果如下：

(1) 根据式(5.14)，得到 $m'_{i1}=6$ ，$m'_{i2}=1$ ，$m'_{i3}=1$ ；

(2) 根据式(5.17)，得到 $\mathrm{rm}_i=10-(6+1+1)=2$ ；

(3) 假设第一个 $\mathrm{st}_i^{\lambda}=0.4$ ，则 $\mathrm{fp}_{i,i1}^{\lambda}=0.65>0.4$ ，$m'_{i1}\leftarrow m'_{i1}+1$ ，得到 $m'_{i1}=7$ ；

(4) 假设第二个 $\mathrm{st}_i^{\lambda}=0.724$ ，则 $\mathrm{fp}_{i,i1}^{\lambda}=0.65+0.18>0.724$ ，$m'_{i2}\leftarrow m'_{i2}+1$ ，得到 $m'_{i2}=2$ ；

(5) 根据式(5.16)，得到 $m_{i1}=7$ ，$m_{i2}=2$ ，$m_{i3}=1$ ，即每个接口转发兴趣蚂蚁的数量是一定的。

5.3.3 路由决策的设计与描述

1. *内容移动场景*

内容移动一般包括四种场景：①内容由原来最合适的内容提供者移动到当前最合适的内容提供者(如图 5.1 从 B 到 C)；②内容由原来最合适的内容提供者移动到当前非最合适的内容提供者(如图 5.1 从 B 到 F)；③内容由原来非最合适的内容提供者移动到当前最合适的内容提供者(如图 5.1 从 E 到 A)；④内容由原来非最合适的内容提供者移动到当前非最合适的内容提供者(如图 5.1 从 E 到 F)。

以上四种场景囊括了所有的内容移动情形，下文将对这四种场景进行专门的实验测试。在设计支持移动性的路由机制之前，给出如下三条假设。

假设 5.3 当移动性发生，仅仅允许内容移动到那些不具备该内容的 CR 上。

假设 5.4 内容移动的次数是有限的，记为 N_m 。

假设 5.5 内容移动发生在最合适的内容副本找到之前。

若假设 5.3 不成立，则移动性的研究是没有意义的，因为第 4 章提出的 ACOIR 机制就能找到多个内容提供者。假设 5.4 强调是无限制的移动会在 $I=I_{\max}$ 之前产生冗余的迭代，不利于算法的收敛。假设 5.5 是为了减少移动性场景的复杂度。

2. *路由/转发结束条件*

AIRM 机制包括三个方面的结束条件，即一次迭代过程中兴趣蚂蚁的转发、全局的兴趣蚂蚁路由以及全局的数据蚂蚁路由。

首先，一次迭代过程中 ia_{λ} 转发结束的条件取决于：①是否它的 TTL 到期，如果 TTL 到期，那么它便不能继续进行转发，只能就时就地消亡；②是否已经找到所需的内容，如果是，那么它将自动停止转发，结束本次迭代；③是否满足 $\mathrm{Fw}_i^{\lambda}=\varnothing$ ，如果是，说明 ia_{λ} 已经无路可走，系统将强制结束它的转发。特别地，此三者的优先级是从高到低的，且只要有一个条件满足 ia_{λ} 的转发即刻结束。

其次，全局的兴趣蚂蚁路由是由多次兴趣蚂蚁的转发组成的，它的结束条件取决于：①是否满足 $I=I_{\max}$ ，如果是，意味着迭代达到设置的上限，系统将强制结束全局的兴趣蚂蚁路由；②是否存在一个 CR 上聚集了所有的兴趣蚂蚁，如果是，则正反馈使得所有的兴趣蚂蚁聚集到最合适的内容提供者上。特别地，此二者的优先级是从高到低的，且只要其中一条满足，则全局的兴趣蚂蚁路由即刻结束。

最后，全局的数据蚂蚁路由开始当且仅当全局的兴趣蚂蚁路由结束，它的结束条件取决于：①是否全局的兴趣蚂蚁路由找到内容，如果是，意味着全局的兴趣蚂蚁路由成功，否则意味着失败；②是否兴趣请求者获得所需的内容，如果是，全局的数据蚂蚁路由成功结束。特别的，此二者的优先级是从高到低的，且只要其中一条满足，则全局的数据蚂蚁路由结束，这也是 AIRM 结束的标志。

3. 路由过程

(1) 就每一轮迭代而言，兴趣请求者生成 m 只兴趣蚂蚁。就每一只独立的 ia_{λ} 而言，当它到达 CR_i 后，依次按照经典 ICN 的路由模式查找 CS_i 、 PIT_i 和 FIB_i 。接着判断 $\mathrm{Fw}_i^{\lambda}=\varnothing$ 是否成立，如果是，则 ia_{λ} 的转发结束；否则需要执行三个操作：①通过式(5.9)感知相应链路上的内容浓度；②通过式(5.13)获取出口接口的转发概率；③通过式(5.14)～式(5.18)选择合适的转发接口。

(2) 就全局的兴趣蚂蚁路由而言，当 m 只兴趣蚂蚁完成一次迭代时，首先判断 $I=I_{\max}$ 是否成立。如果 $I=I_{\max}$ 成立，则全局的兴趣蚂蚁路由结束；否则，判断内容的移动次数是否达到 N_m 。如果达到 N_m ，判断是否存在一个 CR 上聚集了所有的兴趣蚂蚁。如果聚集了所有的兴趣蚂蚁，则全局的兴趣蚂蚁路由结束。否则，迭代一直继续直到内容移动的次数达到 N_m 。

(3) 就全局的数据蚂蚁路由而言，如果全局的兴趣蚂蚁路由失败，系统产生一个失败信号发送到兴趣请求者，预示着 AIRM 机制失败。否则最合适的内容提供者产生一定数量的数据蚂蚁沿着最合适的路径，携带所需的内容返回到兴趣请求者：如果得到的内容完整，则全局的数据蚂蚁路由成功；否则全局的数据蚂蚁路由失败。

根据上述描述，AIRM 机制的伪代码如算法 5.1 所示，其中第 3～13 行意味着 m_i 只兴趣蚂蚁并行地执行相应的操作，第 20 行和 25 行表现的是全局的数据蚂蚁路由。

算法 5.1　AIRM 机制

输入： m 只兴趣蚂蚁，cn_r ，N_m

输出： 内容或者失败

01:　**for**　I=1 to $I_{\max}$ ，**do**

02:　　**for**　i=1 to n，**do**

03:　　　并行执行 m_i 兴趣蚂蚁；

04:　　　**if**　兴趣蚂蚁 ia_{λ} 的 TTL 到期，**then**

05:　　　　**break**；

```
06:         if  找到内容，then
07:           break;
08:         if  PIT 中找到匹配的 cn_r ，then
09:           添加 cn_r 到 PIT;
10:         if  Fw_i^λ = ∅ ，then
11:           break;
12:         else
13:           转发兴趣蚂蚁 ia_λ ；
14:       end for
15:       while  内容移动的次数小于 N_m ，do
16:         continue;
17:       while  内容移动的次数等于 N_m ，do
18:         for  i=1 to n，do
19:           if  CR_i 聚集到 m 只兴趣蚂蚁，then
20:             返回内容;
21:         end for
22:       end while
23:       while  I = I_max ，do
24:         if  所有的 CR 都没聚集到 m 只兴趣蚂蚁，then
25:             返回失败;
26:       end while
27:     end for
```

5.4 仿真与性能评价

本节对提出的 AIRM 进行仿真，并从平均路由成功率、平均路由跳数、平均时间开销、平均负载均衡度、基于 Wilcoxon 的统计性测试等五个方面进行性能评价。

5.4.1 实验方法

1. 算例测试

通过发送500个不同的兴趣请求，在小规模网络NSFNET[169]上进行算例测试，如图 5.5 中 F、G、H、L 是四个不同的内容提供者，其中包括四种内容移动场景：①内容从 H 移动到 E(记为 C1)；②内容从 H 移动到 M(记为 C2)；③内容从 L 移

动到 E(记为 C3)；④内容从 G 移动到 J(记为 C4)。它们分别对应 5.3.3 节中的四种典型的移动场景，且它们是相互独立的。

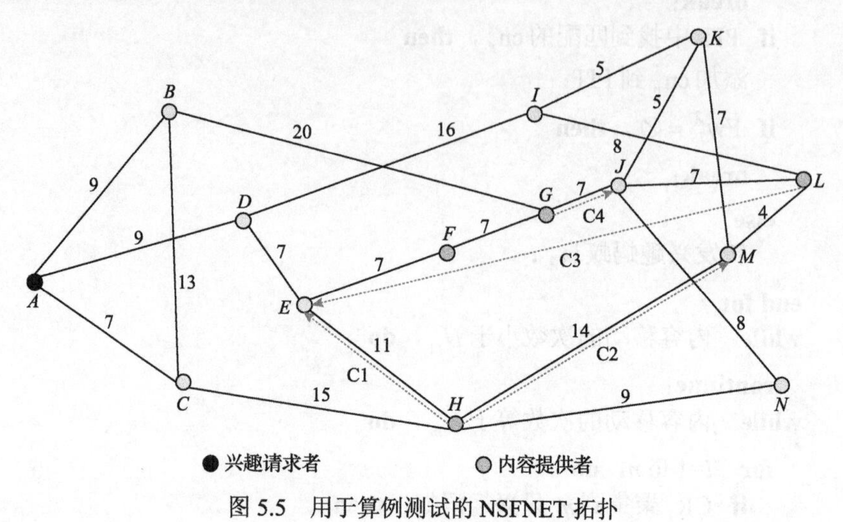

图 5.5　用于算例测试的 NSFNET 拓扑

2. 综合测试

选择两个中型规模的网络拓扑和两个大型规模的网络拓扑用于综合测试，它们分别是 Oteglobe[173](包括 61 个节点和 69 条链路，如图 5.6 所示)、Random[141](包括 68 个节点和 119 条链路，如图 5.7 所示)、Deltacom[170](包括 97 个节点和 124 条链路，如图 5.8 所示)以及 GTS(全球拓扑服务)[174](包括 130 个节点和 168 条链路，

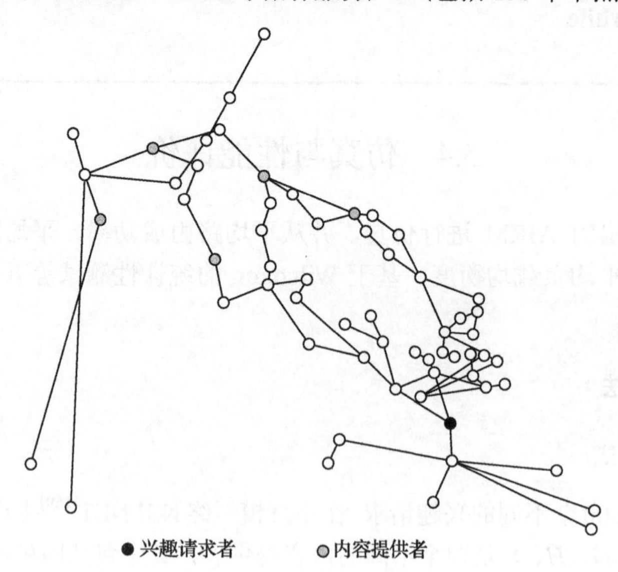

图 5.6　含有 1 个兴趣请求者和 5 个内容提供者的 Oteglobe 拓扑

如图5.9所示)。这四个拓扑都含有1个兴趣请求者和5个内容提供者，且兴趣请求者分别向网络中发送八组不同数目的兴趣请求，即200、400、600、800、1000、1200、1400和1600。

此外本章涉及七个参数，即N_m、θ、γ、m、τ、τ_0和$I_{\max}$。其中，N_m是内容移动的次数，设置为1；θ是一个正常量，对仿真结果没有重大的影响，因此随机设置为2；对于τ和τ_0，通过大量的仿真测试，把它们设置为0.5和2；在

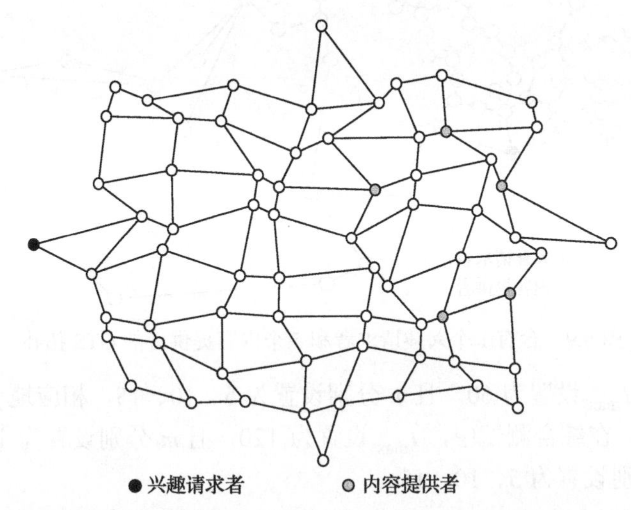

图5.7　含有1个兴趣请求者和5个内容提供者的Random拓扑

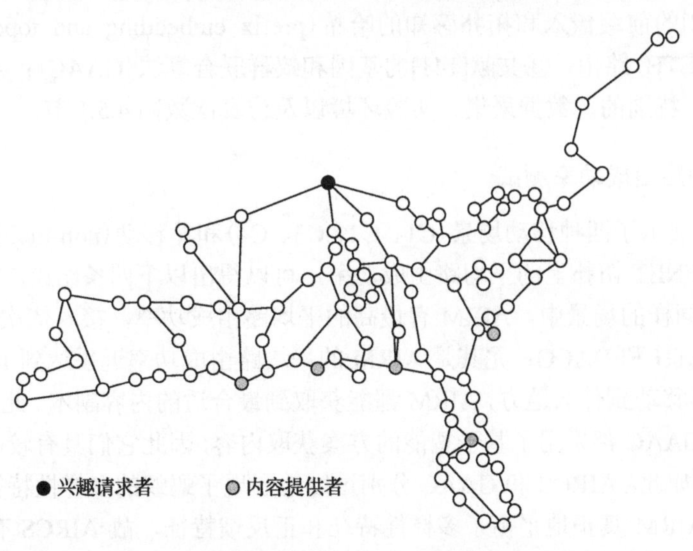

图5.8　含有1个兴趣请求者和5个内容提供者的Deltacom拓扑

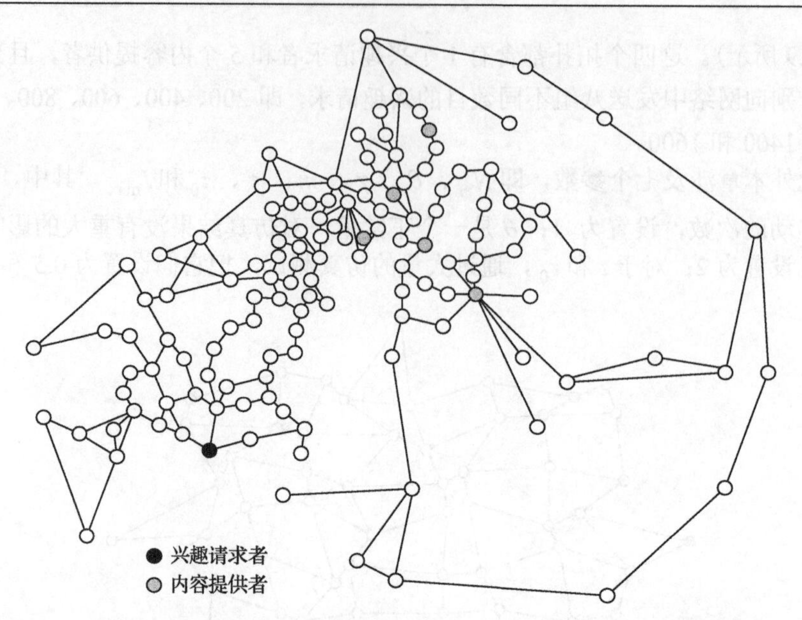

图 5.9　含有 1 个兴趣请求者和 5 个内容提供者的 GTS 拓扑

算例测试中，I_{max} 设置为 60，且 m 分别设置为 5、10、15，相应地 γ 也分别设置为 5、10、15；在综合测试中，I_{max} 设置为 120，且 m 分别设置为 10、20、30，相应地 γ 也分别设置为 5、10、15。

与此同时，选择四种方案作为对比基准：①文献[121]的 DACO（dynamic ACO）；②文献[118]的前缀嵌入和拓扑感知的哈希（prefix embedding and topology-aware hashing，PETH）路由；③文献[141]的基因和蚁群联合算法（GAAC）；④文献[147]的 AIRCS。特别的，数据采集、实验环境以及仿真次数同 4.5.1 节。

5.4.2　平均路由成功率测试

表 5.1 展示了四种移动场景（C1、C2、C3、C4）和非移动（non-mobility，N-M）场景在 NSFNET 拓扑上的平均路由成功率，可以得出以下四条结论。

(1) 在同样的场景中，AIRM 有最高的平均路由成功率，接着依次是 AIRCS、GAAC、PETH 和 DACO；尤其是 AIRM 的平均路由成功率近乎达到 100%，这说明不论内容移动到什么地方，AIRM 都能获取到最合适的内容副本。此外，AIRM、AIRCS 和 GAAC 都采用了基于智能的方案获取内容，因此它们具有较高的路由成功率。尽管如此，AIRCS 和 GAAC 分别过度地展现了蚂蚁的多样性特征和正反馈特征，而 AIRM 真正地平衡了多样性特征和正反馈特征，故 AIRCS 有比 GAAC 高、比 AIRM 低的路由成功率。对于 DACO，在内容获取的过程中，内容移动链路上往往会出现信息素不足的现象，这就导致一些兴趣蚂蚁不能完成它们的转发，故不能获取到最合适的内容副本，自然比 PETH 有更低的路由成功率。

(2) 内容移动前后 AIRM 的平均路由成功率基本保持不变，这是因为兴趣蚂蚁一直能够以自组织、相互协作的能力找到最合适的内容副本，这与自然界中蚂蚁一直能够找到最近的食物源是相似的。对于 PETH，在五种场景下它都能以大约 95%的平均路由成功率获取到内容，这是因为它采用了拓扑感知的 Hash 方案，如此一来，兴趣请求者对移动的内容有一个全局的视图；只是因为前缀嵌入会造成一定程度的网络拥塞，致使一些兴趣请求无法获取到内容，这才导致 PETH 的平均路由成功率不能达到 100%。

(3) 内容移动后 DACO 的平均路由成功率变低，这是因为内容移动之后，当移动链路上的信息素不足时，兴趣蚂蚁无法获取最合适的内容副本甚至是任意的内容；尤其在 C2、C3 和 C4 场景，相应的平均路由成功率是零。初始时刻，在 N-M 场景下，H 是最合适的内容提供者($A \to C \to H$)；然而在 C2 场景下，DACO 认为 M 是最合适的内容提供者且只能从它那里获取内容，显然不符合 E 是最合适的内容提供者的事实($A \to D \to E$)，这就是 C2 场景下 DACO 平均路由成功率为零的原因。C3 和 C4 场景下的原因类似。

(4) 对于 GAAC 和 AIRCS，内容移动后它们的平均路由成功率变低。虽然在对比的时候给它们添加了解决移动性的相关模型，但是终归是没有系统性的功能模块解决移动性，因此内容的移动某种程度上会导致兴趣请求丢失。

表 5.1　AIRM、DACO、PETH、GAAC、AIRCS 在 NSFNET 拓扑上的平均路由成功率

方案	不同场景下的平均路由成功率/%				
	C1	C2	C3	C4	N-M
AIRM (m=5)	99.952	99.954	99.962	99.958	99.958
AIRM (m=10)	99.96	99.958	99.952	99.962	99.956
AIRM (m=15)	99.952	99.952	99.958	99.96	99.956
DACO	84.682	0	0	0	90.166
PETH	95.624	95.806	95.486	95.644	95.6
GAAC	95.874	95.956	96.112	95.928	96.358
AIRCS	97.302	97.514	97.358	97.492	99.9

表 5.2 展示了五种方案在四个拓扑上的平均路由成功率，可以看出：①AIRM 仍然具有最高的平均路由成功率，最高能达到 98.7883%，并且在四个拓扑上具有相似的平均路由成功率；②m 的设置对平均路由成功率没有明显的影响；这些说明了 AIRM 有较好的稳定性，且能够自然地解决移动性问题。

表 5.2　AIRM、DACO、PETH、GAAC、AIRCS 在四个拓扑上的平均路由成功率

兴趣个数	拓扑	不同方案下的平均路由成功率/%						
		AIRM (m=10)	AIRM (m=20)	AIRM (m=30)	DACO	PETH	GAAC	AIRCS
200	Oteglobe	98.5352	98.6214	98.572	85.6971	95.4557	96.483	97.8069
	Random	98.4856	98.55	98.6641	85.4352	96.3648	96.8105	97.7586
	Deltacom	98.5334	98.4754	98.5222	84.7964	95.4833	96.3746	98.04
	GTS	98.611	98.5839	98.6858	85.2342	95.7451	96.4228	97.7245
400	Oteglobe	98.5254	98.536	98.6647	84.9234	95.6394	96.7207	97.8451
	Random	98.5825	98.6574	98.5751	84.7853	95.5723	96.8113	97.6803
	Deltacom	98.6771	98.5552	98.7323	84.9006	95.8359	96.862	97.8237
	GTS	98.4953	98.6326	98.441	84.635	95.6903	96.7535	97.6962
600	Oteglobe	98.5866	98.6251	98.5328	85.2973	96.3259	96.8402	97.7651
	Random	98.6353	98.4977	98.6726	84.975	96.4788	96.7919	98.1234
	Deltacom	98.6376	98.6529	98.6234	85.1152	96.5116	96.8634	98.0633
	GTS	98.5951	98.5732	98.495	85.2038	96.4933	97.1025	98.2216
800	Oteglobe	98.565	98.5411	98.6226	85.6562	95.1848	96.5781	97.7554
	Random	98.6303	98.6003	98.5953	85.4755	95.7469	96.493	97.6238
	Deltacom	98.5721	98.5952	98.4771	85.6076	95.8352	96.5019	97.4365
	GTS	98.5489	98.6157	98.7883	85.7154	95.7334	96.6282	97.5836
1000	Oteglobe	98.6732	98.6854	98.481	84.5106	96.13	96.7537	97.8024
	Random	98.556	98.6171	98.6341	84.7115	96.204	97.1215	97.8311
	Deltacom	98.6203	98.5106	98.539	85.1063	95.7725	96.8832	97.766
	GTS	98.591	98.6252	98.4972	84.8826	95.8161	96.3972	97.8448
1200	Oteglobe	98.5337	98.5499	98.5612	84.5951	95.5336	96.6816	98.2107
	Random	98.6358	98.6104	98.5473	84.6256	95.6372	96.4938	97.8709
	Deltacom	98.5557	98.4957	98.715	84.857	96.3391	96.8913	97.7936
	GTS	98.4949	98.57	98.6955	84.7357	96.1269	96.8755	98.1664
1400	Oteglobe	98.5452	98.4738	98.465	84.86	96.1958	96.9004	97.9349
	Random	98.5329	98.6553	98.6641	84.99	96.1156	97.139	98.2535
	Deltacom	98.6153	98.722	98.5453	85.01	95.8791	96.5971	97.8622
	GTS	98.5941	98.6351	98.6429	85.63	95.9433	96.8734	97.804
1600	Oteglobe	98.6437	98.5854	98.6552	85.065	96.3854	97.153	98.1828
	Random	98.595	98.6915	98.5969	85.34	96.1553	96.8633	97.9439
	Deltacom	98.6134	98.5333	98.4891	85.29	95.8205	96.7826	97.6803
	GTS	98.6523	98.6158	98.6224	84.7	95.63	96.6808	97.7484

5.4.3 平均路由跳数测试

表5.3展示了四种移动场景(C1、C2、C3、C4)和N-M场景在NSFNET拓扑上的平均路由跳数，其中“—”代表不能获取最合适的内容副本。可以看出在同样的场景下不论 m 的设置如何，AIRM都有相似甚至相同的平均路由跳数，这说明AIRM内在地支持移动性，即无论内容移动到什么地方，它都能获取到最合适的内容副本。特别的，DACO在C2、C3和C4场景下不能获取最近的内容副本，因为DACO仅仅能适应一种移动性场景，即内容从原来最合适的内容提供者移动到当前最合适的内容提供者(C1)。除此之外，在N-M场景下，AIRM有最小的平均路由跳数，接着依次是AIRCS、PETH、GAAC和DACO。然而内容移动之后，PETH有第二大的平均路由跳数，其他的顺序不变，相关的原因请参考5.4.1节。

表5.3 AIRM、DACO、PETH、GAAC、AIRCS在NSFNET上的路径和平均路由跳数

方案	C1	C2	C3	C4	N-M
AIRM(m=5)	2.06	3.08	2.1	2.08	2.08
AIRM(m=5)正常路径	$A \to D \to E$	$A \to D \to E \to F$	$A \to D \to E$	$A \to D \to E$	$A \to C \to H$
AIRM(m=10)	2.08	3.06	2.1	2.08	2.06
AIRM(m=10)正常路径	$A \to D \to E$	$A \to D \to E \to F$	$A \to D \to E$	$A \to C \to H$	$A \to C \to H$
AIRM(m=15)	2.08	3.08	2.08	2.06	2.06
AIRM(m=15)正常路径	$A \to D \to E$	$A \to D \to E \to F$	$A \to D \to E$	$A \to C \to H$	$A \to C \to H$
DACO	3.35	3.37	—	—	2.34
DACO正常路径	$A \to C \to H \to E$	$A \to C \to H \to M$	$A \to C \to H \to$Null	$A \to C \to H \to$Null	$A \to C \to H$
PETH	2.2	3.16	2.18	2.2	2.18
PETH正常路径	$A \to D \to E$	$A \to D \to E \to F$	$A \to D \to E$	$A \to C \to H$	$A \to C \to H$
GAAC	2.48	3.32	2.51	2.48	2.25
GAAC正常路径	$A \to D \to E$	$A \to D \to E \to F$	$A \to D \to E$	$A \to C \to H$	$A \to C \to H$
AIRCS	2.36	3.29	2.34	2.3	2.1
AIRCS正常路径	$A \to D \to E$	$A \to D \to E \to F$	$A \to D \to E$	$A \to C \to H$	$A \to C \to H$
最优路径	$A \to D \to E$	$A \to D \to E \to F$	$A \to D \to E$	$A \to D \to E$	$A \to C \to H$

表5.4展示了五种方案在四个拓扑上的平均路由跳数，可以看出：AIRM有最小的平均路由跳数，接着依次是AIRCS、PETH、GAAC和DACO，且一个方案在不同的拓扑上有不同的平均路由跳数。其中，Deltacom有最小的平均路由跳数，

表 5.4 AIRM、DACO、PETH、GAAC、AIRCS 在四个拓扑上的平均路由跳数

兴趣个数	拓扑	不同方案下的平均路由跳数						
		AIRM (m=10)	AIRM (m=20)	AIRM (m=30)	DACO	PETH	GAAC	AIRCS
200	Oteglobe	8.2372	8.261	8.2504	13.5465	11.3803	12.3683	9.574
	Random	9.4929	9.4734	9.512	14.4107	11.8772	13.6831	10.3222
	Deltacom	6.8146	6.8421	6.8343	10.4629	8.6383	9.3653	7.5523
	GTS	16.115	16.1434	16.1167	23.5091	21.3375	22.7058	18.5276
400	Oteglobe	8.2581	8.3092	8.2447	13.5903	11.4112	12.4391	9.4828
	Random	9.5003	9.4882	9.4891	14.4348	11.903	13.7015	10.3184
	Deltacom	6.825	6.8276	6.8143	10.4731	8.642	9.3447	7.3904
	GTS	15.9816	16.1225	16.1363	23.4867	21.3218	22.6878	18.4809
600	Oteglobe	8.2139	8.2694	8.2218	13.5752	11.335	12.4008	9.5185
	Random	9.4834	9.4796	9.5116	14.399	11.8914	13.6758	10.2973
	Deltacom	6.8365	6.8412	6.8194	10.4729	8.6681	9.2584	7.4478
	GTS	16.1273	15.974	16.1262	23.4797	21.3414	22.6405	18.4927
800	Oteglobe	8.2654	8.293	8.2868	13.6506	11.5509	12.5024	9.466
	Random	9.4957	9.4838	9.521	14.4244	11.8832	13.6906	10.3691
	Deltacom	6.8272	6.8155	6.8404	10.4808	8.6474	9.3356	7.5731
	GTS	16.1167	16.1362	16.1403	23.4939	21.3293	22.709	18.5168
1000	Oteglobe	8.3137	8.2685	8.2441	13.5883	11.3952	12.3922	9.5608
	Random	9.4782	9.5036	9.513	14.4129	11.9018	13.638	10.3463
	Deltacom	6.8331	6.837	6.8182	10.4656	8.652	9.355	7.4116
	GTS	16.1263	16.1358	15.9827	23.5135	21.3326	22.6288	18.522
1200	Oteglobe	8.274	8.3059	8.256	13.5957	11.4583	12.4575	9.5073
	Random	9.5138	9.496	9.4874	14.4186	11.8951	13.6846	10.3176
	Deltacom	6.8412	6.8253	6.8232	10.4812	8.6397	9.3297	7.4407
	GTS	15.9764	16.1376	16.1224	23.5004	23.34	22.7214	18.4832
1400	Oteglobe	8.3205	8.247	8.2462	13.6113	11.529	12.3898	9.4874
	Random	9.5207	9.4861	9.4773	14.4234	11.8845	13.6781	10.3299
	Deltacom	6.8177	6.8234	6.8411	10.4795	8.6535	9.3463	7.3582
	GTS	16.0556	16.1279	16.1383	23.4962	21.3228	22.6353	18.4815
1600	Oteglobe	8.264	8.2585	8.2653	13.6524	11.3833	12.5192	9.529
	Random	9.49	9.5016	9.4957	14.4319	11.879	13.7144	10.3406
	Deltacom	6.8315	6.8246	6.8276	10.4696	8.6448	9.3517	7.4525
	GTS	16.107	16.1421	16.1349	23.482	21.3361	22.6276	18.4928

接着依次是 Oteglobe、Random 和 GTS，这是因为 Deltacom 中兴趣请求者和内容提供者之间的距离是最短的。特别地，*m* 的设置对平均路由跳数仍然没有明显的影响。

5.4.4　平均时间开销测试

表 5.5 展示了四种移动场景(C1、C2、C3、C4)和 N-M 场景在 NSFNET 拓扑上的平均时间开销。可以看出，PETH 花费最少的平均时间，接着依次是 AIRM、AIRCS、DACO 和 GAAC，因为 PETH 是唯一没有涉及智能的方案。具体分析如下：

(1) GAAC 有最大的平均时间开销，是因为它使用了两种智能方案：GA 用于初始化，ACO 算法用于全局求解，必然消耗大量的时间。

(2) AIRM、DACO 和 PETH 在 C1、C2、C3 和 C4 场景下要比在 N-M 场景下有更大的平均时间开销，是因为它们需要更多的时间处理内容的移动。然而，GAAC 和 AIRCS 在五种场景下的平均时间开销没有明显的区别，是因为它们都添加了相同的模块处理移动性，内容移动前后执行的时间相差不大。

(3) 在 *m*=15 的情况下，AIRM 需要更大的平均时间开销处理内容移动，然后是 *m*=10，最后是 *m*=5，这是因为系统将花费更多的时间转发更多的兴趣蚂蚁。

表 5.5　AIRM、DACO、PETH、GAAC、AIRCS 在 NSFNET 上的平均时间开销

方案	不同场景下的平均时间开销/ms				
	C1	C2	C3	C4	N-M
AIRM(*m*=5)	96.354012	96.577306	96.391142	96.504391	83.564801
AIRM(*m*=10)	105.286433	105.372955	105.400387	105.267763	92.889053
AIRM(*m*=15)	117.756415	117.491367	117.619737	117.752192	101.347362
DACO	151.834742	151.292604	151.355460	151.633155	140.713456
PETH	68.509423	68.483612	68.763485	68.930442	61.309543
GAAC	227.42307	227.399236	227.521678	227.453106	227.591138
AIRCS	174.348121	174.593753	174.382034	174.72528	174.440389

表 5.6 展示了五种方案在四个拓扑上的平均时间开销，可以看出：①PETH 有最小的平均时间开销，接着依次是 AIRM、AIRCS、DACO 和 GAAC，这是因为 PETH 既没有引入 ACO 算法也没有引入 GA。②对于 AIRM，随着兴趣蚂蚁数量的不断增多，将需要消耗更多的时间来处理内容移动，这说明 *m* 的设置对平均时间开销有明显的影响。③对于同一个方案，Deltacom 上的平均时间开销最小，接着依次是 Oteglobe、Random 和 GTS，这是因为 Deltacom 上具有最小的平均路由跳数。

表 5.6 AIRM、DACO、PETH、GAAC、AIRCS 在四个拓扑上的平均时间开销

兴趣个数	拓扑	不同方案下的平均时间开销/ms						
		AIRM (m=10)	AIRM (m=20)	AIRM (m=30)	DACO	PETH	GAAC	AIRCS
200	Oteglobe	219.7152	231.9251	272.5589	335.4723	184.528936	443.8694	317.2146
	Random	233.4816	255.6339	296.3745	364.2936	217.240297	489.6294	434.1308
	Deltacom	194.5722	261.3021	250.9254	296.3526	163.792738	415.2657	283.9233
	GTS	276.3891	301.7425	347.5297	405.4485	252.263502	535.5288	397.0097
400	Oteglobe	220.2533	231.5273	272.1635	335.0248	184.397129	443.4809	316.9759
	Random	233.9406	255.9421	296.4192	364.8255	217.603594	489.8660	434.0421
	Deltacom	194.1824	261.8464	251.7393	295.3116	163.264801	415.0355	283.8392
	GTS	276.7226	302.6132	347.9476	405.8318	251.680684	535.5583	396.9354
600	Oteglobe	219.6418	231.8469	271.8021	335.5182	183.672305	443.9029	316.8984
	Random	233.1529	255.8347	296.9237	364.2377	216.843467	489.9894	433.7804
	Deltacom	193.8097	261.5223	250.6109	295.3816	164.004491	415.6463	283.7259
	GTS	275.6431	301.3848	347.2127	406.2906	252.860312	535.1346	397.0262
800	Oteglobe	219.4031	232.7568	272.6482	336.2834	184.534864	444.1520	316.5108
	Random	232.7825	256.8436	295.7258	365.0515	217.355658	489.9483	433.6897
	Deltacom	193.4259	261.3774	251.6537	296.4687	163.485943	414.9573	283.7234
	GTS	276.8302	302.6482	346.6231	406.5813	252.376581	535.6109	396.9297
1000	Oteglobe	219.5356	232.2702	271.4645	335.6149	183.672695	444.2721	316.6790
	Random	233.6059	255.2809	296.3065	364.4812	217.583813	489.8768	434.2404
	Deltacom	194.5862	260.4867	251.6814	295.6448	164.389471	415.2564	284.4787
	GTS	275.9301	302.8345	347.0698	405.3946	251.620343	535.5537	397.4219
1200	Oteglobe	220.4937	232.5661	272.6082	336.5348	184.377662	443.6839	316.6856
	Random	232.5521	256.375	295.5366	365.2548	216.620409	489.7201	434.3443
	Deltacom	193.4793	261.5368	250.3941	296.4571	163.671562	415.7326	284.5822
	GTS	275.1417	302.0234	348.1514	405.6984	252.841364	535.4067	396.6606
1400	Oteglobe	219.2629	231.3905	271.3627	335.7492	183.539421	443.9910	317.1860
	Random	233.1338	256.7648	296.8024	364.3746	217.385518	489.5619	434.4154
	Deltacom	193.5761	261.3947	251.4565	295.4681	164.367062	414.9034	283.9609
	GTS	276.4435	302.6635	347.2237	406.5356	251.764231	535.6211	396.5055
1600	Oteglobe	220.6052	232.4461	272.6024	336.1242	183.903743	444.3681	317.3241
	Random	232.4594	256.0065	295.8521	365.2861	216.354815	490.4270	434.4851
	Deltacom	194.8826	261.1649	251.2362	296.6405	163.940335	415.6371	284.5389
	GTS	275.9407	301.7522	247.6435	406.3984	252.034197	535.4160	397.2835

5.4.5　平均负载均衡度测试

表 5.7 展示了四种移动场景(C1、C2、C3、C4)和 N-M 场景在 NSFNET 拓扑上的平均负载均衡度。具体分析如下：

(1)在 C1、C2、C3 和 C4 场景下，AIRM 具有稳定的平均负载均衡度，因为四种移动场景在小规模的网络中对兴趣蚂蚁的分布没有明显的影响；此外，AIRM 在 C1、C2、C3 和 C4 场景下要比 N-M 场景下有更低的平均负载均衡度，因为内容移动使兴趣蚂蚁分布更加均匀；进一步地，随着兴趣蚂蚁数量的不断增加，AIRM 的平均负载均衡度逐渐变大，因为更多的兴趣蚂蚁使得涉及的链路上出现严重的负载。

(2)PETH 有最高的平均负载均衡度，因为它一直通过唯一最优的接口转发兴趣请求；相反，其他四种方案都采用了 ACO 算法，分散了兴趣蚂蚁，从而降低了平均负载均衡度。

(3)虽然 DACO 在后三个移动场景、GAAC 在所有的移动场景、AIRCS 在所有的移动场景，不能获取到最合适的内容副本，但是它们能根据当前所求的解(而非最优解)得到负载均衡度。

表 5.7　AIRM、DACO、PETH、GAAC、AIRCS 在 NSFNET 上的平均负载均衡度

方案	不同场景下的平均负载均衡度				
	C1	C2	C3	C4	N-M
AIRM(m=5)	0.295076	0.287332	0.289001	0.294116	0.325596
AIRM(m=10)	0.320115	0.319746	0.321448	0.319482	0.347723
AIRM(m=15)	0.355631	0.352389	0.356202	0.352260	0.383675
DACO	0.450267	0.449280	0.448694	0.450673	0.449246
PETH	1.345621	1.347634	1.342683	1.346004	1.345842
GAAC	0.640115	0.643746	0.642905	0.645532	0.643781
AIRCS	0.416427	0.418934	0.418257	0.417048	0.415539

表 5.8 展示了五种方案在四个拓扑上的平均负载均衡度，可以看出：AIRM 有最低的平均负载均衡度，接着依次是 AIRCS、DACO、GAAC 和 PETH；尤其是 AIRM 的平均负载均衡度在 0.28 与 0.39 之间，这说明它能够以轻负载的方式获取到最合适的内容副本。此外，对于同一个方案，Random 拓扑具有最低的平均负载均衡度，接着依次是 Deltacom、GTS 和 Oteglobe，因为兴趣蚂蚁在 Random 的链路上分布得最均匀。进一步地，m 的设置对平均负载均衡度有明显的影响，且兴趣蚂蚁的数量越多则平均负载均衡度越高，这是因为更多的兴趣蚂蚁将会引起严重的负载。

表 5.8 AIRM、DACO、PETH、GAAC、AIRCS 在四个拓扑上的平均负载均衡度

兴趣个数	拓扑	不同方案下的平均负载均衡度						
		AIRM（*m*=10）	AIRM（*m*=20）	AIRM（*m*=30）	DACO	PETH	GAAC	AIRCS
200	Oteglobe	0.32673	0.34723	0.37864	0.48209	1.37451	0.63313	0.43376
	Random	0.28399	0.29747	0.32903	0.41832	1.26705	0.63597	0.41094
	Deltacom	0.29274	0.30954	0.33261	0.44708	1.30122	0.62969	0.46322
	GTS	0.31538	0.32416	0.34808	0.46353	1.34563	0.63428	0.39755
400	Oteglobe	0.32054	0.34046	0.37441	0.47942	1.37826	0.65504	0.42754
	Random	0.25015	0.29302	0.32835	0.41793	1.26457	0.61392	0.39561
	Deltacom	0.29429	0.30547	0.33462	0.44921	1.30439	0.62826	0.41764
	GTS	0.31207	0.32641	0.34739	0.46575	1.34741	0.64079	0.39716
600	Oteglobe	0.32429	0.34268	0.37006	0.48123	1.37108	0.66142	0.42416
	Random	0.28493	0.29514	0.32726	0.41804	1.26383	0.63673	0.39206
	Deltacom	0.29582	0.30573	0.33743	0.44768	1.29847	0.62213	0.42495
	GTS	0.31474	0.32574	0.34596	0.46492	1.34854	0.65084	0.42983
800	Oteglobe	0.32257	0.34664	0.37249	0.48521	1.37532	0.62155	0.43571
	Random	0.28203	0.29243	0.32804	0.41745	1.26475	0.61334	0.34352
	Deltacom	0.29622	0.30676	0.33258	0.44816	1.29958	0.59146	0.42152
	GTS	0.31294	0.32609	0.34705	0.46508	1.34635	0.62713	0.45055
1000	Oteglobe	0.32593	0.34408	0.37762	0.48182	1.37293	0.65861	0.45753
	Random	0.28418	0.29561	0.32779	0.41609	1.26512	0.61247	0.39275
	Deltacom	0.29506	0.30827	0.33506	0.44728	1.30254	0.63157	0.41823
	GTS	0.31327	0.32583	0.34654	0.46602	1.34719	0.60795	0.40363
1200	Oteglobe	0.32725	0.34817	0.38126	0.48407	1.37624	0.62162	0.43454
	Random	0.28491	0.29408	0.32659	0.41724	1.26711	0.63121	0.39253
	Deltacom	0.29408	0.30711	0.33604	0.44835	1.30193	0.64053	0.40724
	GTS	0.31299	0.32624	0.34723	0.46564	1.34732	0.61995	0.42342
1400	Oteglobe	0.32472	0.34713	0.37552	0.48263	1.37405	0.65848	0.44111
	Random	0.28544	0.29385	0.32821	0.41812	1.26584	0.62591	0.39067
	Deltacom	0.29303	0.30699	0.33585	0.44896	1.29878	0.65077	0.42233
	GTS	0.31462	0.32478	0.34694	0.46623	1.34657	0.64538	0.40549
1600	Oteglobe	0.32698	0.34449	0.37807	0.48351	1.37558	0.62491	0.42257
	Random	0.28365	0.29673	0.32925	0.41684	1.26492	0.63405	0.45361
	Deltacom	0.29417	0.30581	0.33642	0.44902	1.30351	0.61396	0.43723
	GTS	0.31346	0.32519	0.34988	0.46548	1.34705	0.63632	0.41585

5.4.6 基于 Wilcoxon 的统计性测试

为了使实验结果更加令人信服，采用基于 Wilcoxon 的方法进行统计性测试，其中置信水平设为 0.01。根据表 5.2、表 5.4、表 5.6 以及表 5.8 中的数据，将产生 128 个测试表(4 个指标、4 个拓扑、8 组兴趣请求)；因此为了节省空间，我们仅仅对 Oteglobe 拓扑上的 200 个兴趣请求进行统计性测试，结果如表 5.9～表 5.12 所示。可以看出所有的 p 值都是 0，小于设定的置信水平 0.01，这说明 AIRM 有显著的优势。事实上，AIRM 有最优的平均路由成功率、平均路由跳数和平均负载均衡度，且次优的平均时间开销。

表 5.9 关于平均路由成功率在 Oteglobe 拓扑上的 200 个兴趣请求的统计性测试结果

对比	R^+	R^-	p 值	对比	R^+	R^-	p 值
AIRM (m=10) vs. DACO	100	0	0	AIRM (m=20) vs. GAAC	100	0	0
AIRM (m=10) vs. PETH	100	0	0	AIRM (m=20) vs. AIRCS	100	0	0
AIRM (m=10) vs. GAAC	100	0	0	AIRM (m=30) vs. DACO	100	0	0
AIRM (m=10) vs. AIRCS	100	0	0	AIRM (m=30) vs. PETH	100	0	0
AIRM (m=20) vs. DACO	100	0	0	AIRM (m=30) vs. GAAC	100	0	0
AIRM (m=20) vs. PETH	100	0	0	AIRM (m=30) vs. AIRCS	100	0	0

表 5.10 关于平均路由跳数在 Oteglobe 拓扑上的 200 个兴趣请求的统计性测试结果

对比	R^+	R^-	p 值	对比	R^+	R^-	p 值
AIRM (m=10) vs. DACO	0	100	0	AIRM (m=20) vs. GAAC	0	100	0
AIRM (m=10) vs. PETH	0	100	0	AIRM (m=20) vs. AIRCS	0	100	0
AIRM (m=10) vs. GAAC	0	100	0	AIRM (m=30) vs. DACO	0	100	0
AIRM (m=10) vs. AIRCS	0	100	0	AIRM (m=30) vs. PETH	0	100	0
AIRM (m=20) vs. DACO	0	100	0	AIRM (m=30) vs. GAAC	0	100	0
AIRM (m=20) vs. PETH	0	100	0	AIRM (m=30) vs. AIRCS	0	100	0

表 5.11 关于平均时间开销在 Oteglobe 拓扑上的 200 个兴趣请求的统计性测试结果

对比	R^+	R^-	p 值	对比	R^+	R^-	p 值
AIRM (m=10) vs. DACO	0	100	0	AIRM (m=20) vs. GAAC	0	100	0
AIRM (m=10) vs. PETH	100	0	0	AIRM (m=20) vs. AIRCS	0	100	0
AIRM (m=10) vs. GAAC	0	100	0	AIRM (m=30) vs. DACO	0	100	0
AIRM (m=10) vs. AIRCS	0	100	0	AIRM (m=30) vs. PETH	100	0	0
AIRM (m=20) vs. DACO	0	100	0	AIRM (m=30) vs. GAAC	0	100	0
AIRM (m=20) vs. PETH	100	0	0	AIRM (m=30) vs. AIRCS	0	100	0

表 5.12 关于平均负载均衡度在 Oteglobe 拓扑上的 200 个兴趣请求的统计性测试结果

对比	R^+	R^-	p 值	对比	R^+	R^-	p 值
AIRM(m=10) vs. DACO	0	100	0	AIRM(m=20) vs. GAAC	0	100	0
AIRM(m=10) vs. PETH	0	100	0	AIRM(m=20) vs. AIRCS	0	100	0
AIRM(m=10) vs. GAAC	0	100	0	AIRM(m=30) vs. DACO	0	100	0
AIRM(m=10) vs. AIRCS	0	100	0	AIRM(m=30) vs. PETH	0	100	0
AIRM(m=20) vs. DACO	0	100	0	AIRM(m=30) vs. GAAC	0	100	0
AIRM(m=20) vs. PETH	0	100	0	AIRM(m=30) vs. AIRCS	0	100	0

5.5 本章小结

解决移动性是 ICN 路由的一大难题，本章通过模拟蚁群在自然界中不论食物如何移动蚂蚁都能通过相互协作、自组织的方式找到最近的食物源这一现象，设计了系统的且能够解决内容提供者移动的路由机制。首先，改进了内容浓度模型的设计，主要表现在去除物理距离的因素和简化通项公式两个方面；其次，基于轮盘赌模型为兴趣蚂蚁选择确定的转发接口，使蚂蚁的正反馈和多样性特征更加平衡；再次，针对四种典型的移动场景，给出了统一的路由机制；最后，在小规模网络上验证了所提路由机制的可行性，并在中等规模网络和大规模模型上验证了所提路由机制的高效性。

第6章　基于蚁群和相似关系的ICN路由机制

ICN 典型的特征是关注内容本身而非内容的地址，而内容即是用户兴趣的反应，因此 ICN 更加注重用户的兴趣而非不可解析的内容。通常情况下，两个路由器存储内容的相似度越高，说明它们具有越高的相似关系。利用这种相似关系，兴趣请求不再向与它具有较高相似关系的路由器进行转发，而是向与其具有较低甚至没有相似关系的路由器进行转发；这样一来，能够指引兴趣请求向更精确的方向转发，从而提高转发的成功率。本章提出两个基于蚁群和相似关系的 ICN 路由机制，一个是基于连续的内容浓度模型，主要强调兴趣蚂蚁路由机制；另一个是基于离散的内容浓度模型，设计包括兴趣蚂蚁路由和数据蚂蚁路由在内的完整机制。最后在实际 Deltacom 拓扑上对两个路由机制予以实验验证。

6.1　引　言

6.1.1　研究动机

1. 相似关系的引入

ACO 算法最为经典的一个应用就是求解 TSP[11]，其中信息素浓度和物理链路距离被看成两个启发因子，引导蚂蚁寻找源端到已知目的端的最短路径。同样地，我们仍然可以采用求解 TSP 的模式求解 ICN 路由问题，只不过两者之间最大的不同就是一个是已知的目的地，另一个是未知的内容提供者。然而，这并不影响问题的本质，因为在第 3 章和第 4 章我们已经用 ACO 算法求解 ICN 路由问题，并且能够获得兴趣请求者到未知内容提供者的最合适路径。

由于 ICN 不太关心链路上的物理距离而是更多地关心用户的兴趣请求，模拟求解 TSP 的过程中，不能再将物理链路距离看成重要的启发因子去引导兴趣蚂蚁的转发。事实上，兴趣请求是由用户发出的且在网络中从一个路由器转发到另一个路由器，本质上反映的是用户需求。此外，缓存的内容最终要提供给用户，自然反映的也是用户的需求。综合这两点可以看出，用户发出的兴趣请求是通过路由器中存储的内容体现的。再者，由于用户的兴趣请求具有时间和空间上的局部性，可以根据存储的内容分析两个路由器之间的相似关系，进而引导兴趣请求向合适的方向转发。更具体地讲，相似度较高的路由器不必要进行过多的转发来往，要把兴趣请求转发到那些与该路由器相似关系较低甚至没有相似关系的路由器，这是因为兴趣请求在一个路由器中找不到匹配的内容，那么在与它相似度较高的路由器上很大概率也不能找到匹配的内容，毕竟两个路由器存储了几乎相同的内容，反映了几乎相同的用户兴趣。举例来说，甲、乙、丙、丁四人，乙和丙有相似度较高的知识库，但与丁有相似度较低的知识库，当甲向乙请求一个未知的电话号码时，乙将要转发这个请求到丙而不是丁，以增加获取电话号码的概率。综上所述，在根据 TSP 模式求解 ICN 路由问题时，需要考虑内容浓度和相似关系两个因素，以此引导兴趣蚂蚁的转发，从而提高获取最合适内容副本的概率。

2. 数据路由的重要性

尽管ICN路由包括兴趣路由和数据路由两个方面，然而除传统路由机制之外，包括基于蚁群方案在内的路由机制主要面向兴趣路由而忽略了数据路由的设计。事实上，数据路由与兴趣路由具有同等的地位，它关乎到请求的内容能否完整地到达兴趣请求者。更重要的是，一个好的数据路由策略能够很好地服务兴趣路由，即为后续的兴趣请求提供可靠的索引帮助，从而提高全局的路由效率。特别地，若请求的内容是一个较大的数据块，大到路径上某一条链路的带宽不能够支持该数据块的传输，那么必须要对该数据块进行合理的分解，进而以分布式的方式发给兴趣请求者。一旦其中一部分数据丢失或者传输性能不高，将影响全局的路由。从这个层面讲，数据路由进一步发挥了极其重要的作用。

兴趣路由过程强调的是兴趣的正向转发，而数据路由过程强调的是数据的逆向转发且沿路按需缓存，后者是由网内缓存特性决定的，由此可见缓存策略对数据路由起关键性作用。一般而言，缓存策略包括在哪里开辟缓存、缓存多少内容、缓存哪些具体的内容以及采用什么样的策略缓存等四个层面的含义[61]，其中，第一个层面的含义通常能够以最好的性能改善数据路由，从而提高 ICN 路由的效率。这个过程需要寻找一个好的方案选择一些路由器进而开辟相应的缓存空间，即核心路由器的选择是重中之重。对此，有两种较为流行的方法：一种是直接把边缘节点看成核心路由器[175]；另一种是基于中心度(如边密度和节点重要度)的概念去选择核心路由器[176]。对于后者中基于节点中心度的方法，一般采用与聚类相关的技术，如 k-split[177]、k-medoids[54]和基于密度的空间聚类(density-based spatial clustering，DSC)[178]。其中，DSC 是一种应用极其广泛的技术方案，它的基本聚类参考属性一般是链路上的能耗、代价、物理距离、传播时延等，并且不同的参考属性反映出来的聚类效果是不同的。ICN 具有特殊的网络性质，它关注用户的兴趣，继而产生了路由器之间的相似关系，因此可以把该相似关系看成聚类参考属性。

总体来说，相当有必要设计基于相似关系的蚁群路由机制，它能够引导兴趣蚂蚁向更加正确的方向转发；此外，数据路由具有非常重要的地位，对它进行详细的设计也迫在眉睫，并且基于相似关系的核心路由器发现策略将进一步满足数据路由的需要。

6.1.2　主要贡献点

基于蚁群和相似关系，本章提出两个路由机制：一个是基于连续内容浓度模型的兴趣蚂蚁路由机制；另一个是基于离散内容浓度模型的 ICN 路由机制，它包括兴趣蚂蚁路由和数据蚂蚁路由，是对第一个路由机制的改进和升华。具体地讲，本章的主要贡献点总结如下：

(1) 聚类分析是分类的主要方法之一，采用其中的绝对值减法静态地分析一段时间内两个路由器内容的相似度，从而建立它们的相似关系。然后，通过模型求解 TSP 的过程，将相似关系和内容浓度看成两个启发因子，引导兴趣蚂蚁向更加合适的方向转发。据我们所知，这是唯一一个分析内容的相似关系也是唯一一个模拟 TSP 求解 ICN 路由的方案。

(2) 虽然连续的内容浓度模型更加接近蚂蚁的真实觅食行为，但是它消耗了大量的计算时间，为此设计考虑负载在内的离散内容浓度更新模型，以从节省时间开销的角度改善 ICN 路由的性能。为了进一步节省时间开销，采用点乘法计算路由器之间的相似关系。

(3) 在传统设计中，链路/路径上的内容浓度更新只对成功转发的蚂蚁有效，而当蚂蚁转发失败时，相应的链路/路径上的内容浓度不进行更新，其实这并不利于蚂蚁的协作。为此，考虑兴趣蚂蚁转发失败的场景，进而设计不同于成功转发时链路/路径上的更新策略。

(4) 数据路由至关重要，它直接影响兴趣请求者是否能够获得内容。为此，采用基于 DSC 方法选择核心路由器去缓存内容，进而帮助和改善数据路由，其中选择路由器之间的相似关系作为聚类参考属性。在数据路由的过程中，将整体的内容按需分为多个小的内容块，并由相应个数的数据蚂蚁携带返回到兴趣请求者，以此完成数据蚂蚁路由。

6.2　系统框架结构

图 6.1 诠释了本章设计的两个路由机制，下半部分通过结合内容浓度和相似关系、模型求解 TSP 设计兴趣蚂蚁路由机制；由于它采用的是连续的内容浓度更新模型，故称为 AIRCS。上半部分是对下半部分的改进和升华，从网内缓存的角度入手设计基于 DSC 的数据蚂蚁路由机制，并联合下半部分的功能，组成 ICN 路由机制；由于它采用的是离散的内容浓度更新模型，故称为 AIRDD（ACO-inspired ICN routing based on discrete model with DSC）。由此可以看出，本章设计的基于蚁群和相似关系的 ICN 路由（ACO-inspired ICN routing based on similarity relation，AIRSR）机制包括 AIRCS 和 AIRDD 两个部分。

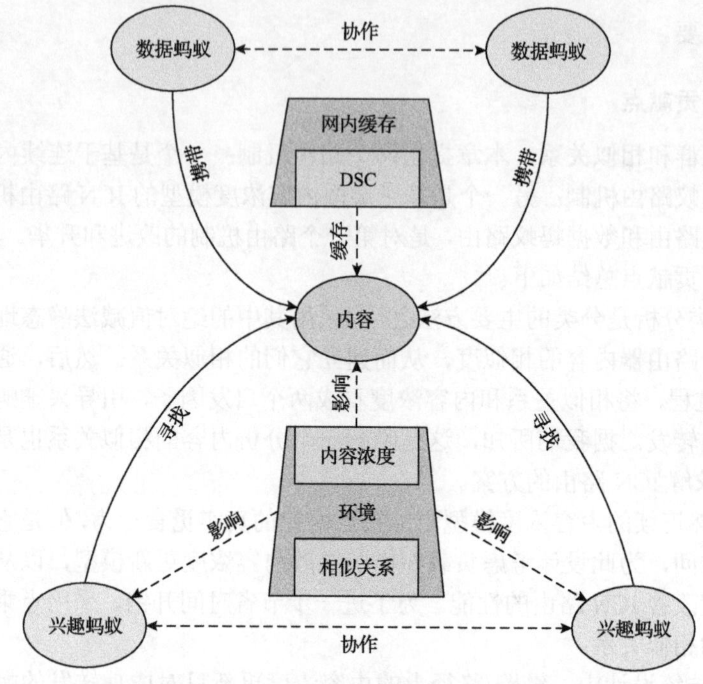

图 6.1 内容、环境和兴趣/数据蚂蚁之间的关系

图 6.2 展示了 AIRSR 的系统框架，其中包括六个主要的模块：内容浓度模块、相似关系模块、转发概率模块、DSC 模块、兴趣蚂蚁路由决策模块和数据蚂蚁路由决策模块。

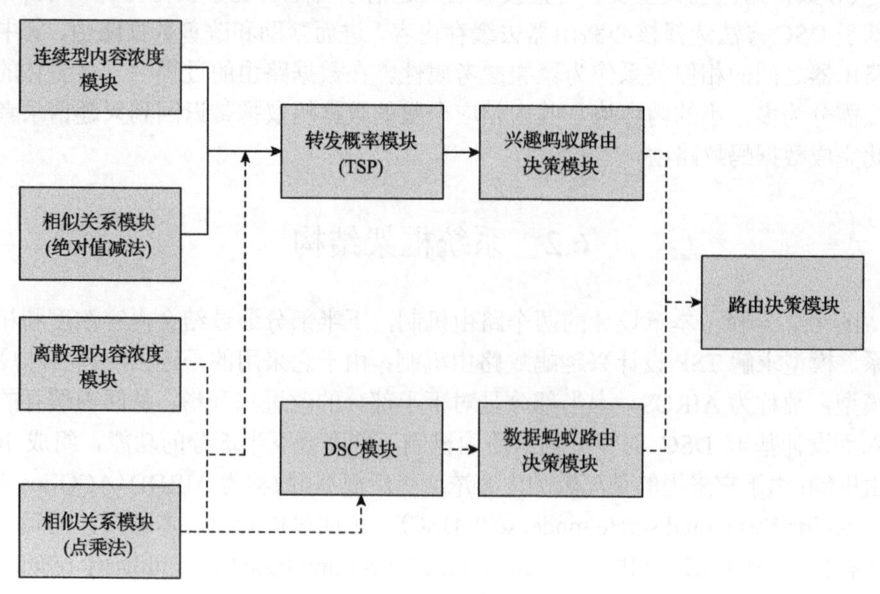

图 6.2 AIRSR 系统框架

内容浓度模块又分为连续型内容浓度模块和离散型内容浓度模块，都是用于计算链路/路径上的内容浓度，只不过后者能够节省大量的计算时间。相似关系模块又包括基于绝对值减法的相似关系模块和基于点乘法的相似关系模块，都是用于量化路由器之间的相似关系，只不过后者具有更加简单的计算形式，能够节省一部分计算时间。转发概率模块通过模拟求解 TSP，根据内容浓度和相似关系为出口接口制定相应的转发概率。DSC 模块利用相似关系进行聚类，以此选择核心路由器按需存储内容。兴趣蚂蚁路由决策模块为一组兴趣蚂蚁指定特定的规则，使其经过不断地迭代发现最合适的内容副本。数据蚂蚁路由决策模块为一组数据蚂蚁指定特定的规则，使其把用户所需的内容完整地送到兴趣请求者。特别地，AIRCS 机制如图 6.2 的虚线所示，AIRDD 机制如图 6.2 的实线所示。

6.3　基于连续型路由机制的设计

本节将设计本章中的第一个路由机制，首先介绍连续的内容浓度更新模型；其次采用绝对值减法计算路由器之间的相似关系；最后基于内容浓度和相似关系两个因素转发兴趣蚂蚁，并给出相应的路由决策。

6.3.1　内容浓度的设计与更新

第 4 章和第 5 章已经设计了两个连续的内容浓度模型，分别如式(4.20)和式(5.9)所示，并且式(5.9)较式(4.20)有更好的性能。因此，就连续的内容浓度更新而言，本章不再设计新模型，而是在式(5.9)的基础上进行后续的设计。为了节省空间，本章不再赘述相关模型的建立过程，详见式(5.1)～式(5.9)。

6.3.2　相似关系的计算

1. 内容形式的量化

基本上每个路由器都存储有不同种类的内容，它们直接反映用户的兴趣，并且根据内容名前缀能够很好地将它们区分开来。因此，要想建立路由器之间的相似关系，必先提取内容的内容名前缀，并将它们从抽象的形式转化成具体的形式，即内容形式的量化。事实上，不同的内容拥有不同的内容名前缀，并且每一个内容名前缀代表一类内容；由于内容反映的是用户的兴趣需求，故又称其为兴趣属性，定义如下。

定义 6.1(兴趣属性)　假设 CR_i 含有 h_i 类内容，则每一类被看成一个兴趣属性，那么用矩阵表示 CR_i 为

$$\mathrm{CR}_i := (\mathrm{int}(i)_1, \mathrm{int}(i)_2, \cdots, \mathrm{int}(i)_{h_i}) \tag{6.1}$$

$$\mathrm{CR}_j := (\mathrm{int}(j)_1, \mathrm{int}(j)_2, \cdots, \mathrm{int}(j)_{h_j}) \tag{6.2}$$

其中，$\mathrm{int}(i)_l$ 是 CR_i 的一个兴趣属性，且 $1 \leqslant l \leqslant h_i$，$1 \leqslant i \leqslant n$。

特别地，当 CR_i 和 CR_j 有 p 个相同的兴趣属性时，则得到

$$\begin{cases} \mathrm{int}(i)_l = \mathrm{int}(j)_l \\ 1 \leqslant l \leqslant p \leqslant \min\{h_i, h_j\} \end{cases} \tag{6.3}$$

这说明相同类型的内容在两个不同的 CR 矩阵中具有相同的位置，并且它们是矩阵的前段元素，即

$$\mathrm{CR}_i := \Big(\underset{1 \leqslant l \leqslant p}{\mathrm{int}(i)_l}, \mathrm{int}(i)_{p+1}, \cdots, \mathrm{int}(i)_{h_i}\Big) \tag{6.4}$$

$$\mathrm{CR}_j := \Big(\underset{1 \leqslant l \leqslant p}{\mathrm{int}(j)_l}, \mathrm{int}(j)_{p+1}, \cdots, \mathrm{int}(j)_{h_j}\Big) \tag{6.5}$$

进一步地，假设 $\mathrm{int}(i)_l$ 包括 q_l 个子属性，其中任意一个记为 $\mathrm{int}(i)_{l,q_t}$ 且 $1 \leqslant t \leqslant l$。由于这些子属性都是抽象的内容形式，不利于计算，故需要将它们量化。假设量化后的数值为 $\mathrm{int}(i)'_{l,q_t}$，进而将它们赋值为从 1 到 q_l 不等的正整数。由于 $\mathrm{int}(i)'_{l,q_t}$ 和 q_t 是一一对应的关系，为了计算方便，不妨令

$$\mathrm{int}(i)'_{l,q_t} = q_t \tag{6.6}$$

假设 $\mathrm{int}(i)_{l,q_t}$ 对应 $N(i)_{l,q_t}$ 个内容条目，则 CR_i 量化为

$$\mathrm{CR}_i = \left(\overrightarrow{\mathrm{Int}_{i,l}}\right)_{1 \times h_i} \tag{6.7}$$

$$\overrightarrow{\mathrm{Int}_{i,l}} = \left(N(i)_{l,q_t} \cdot \mathrm{int}(i)'_{l,q_t}\right)_{l \times 1} = \left(N(i)_{l,q_t} \cdot q_t\right)_{l \times 1} \tag{6.8}$$

同理亦可量化 CR_j，至此 CR 中的内容形式量化成了具体的数字。

2. 绝对值减法的应用

相似关系的计算有很多种，如相关系数法、点乘法和绝对值减法。其中由于相关系数法涉及开平方操作，故具有较高的计算复杂度；虽然点乘法计算复杂度较低，但是它的计算需要确定一个未知参数，往往不同的参数设置会产生不同的计算结果。综上所述，本节采用绝对值减法计算 CR_i 和 CR_j 的相似关系，记为 $r_{i,j}$，如下：

$$r_{i,j}=1-c\left(\sum_{l=1}^{p}\left|N(i)_{l,q_t}\cdot q_t-N(j)_{l,q_t}\cdot q_t\right|+\sum_{l=p+1}^{h_i}N(i)_{l,q_t}\cdot q_t+\sum_{l=p+1}^{h_j}N(j)_{l,q_t}\cdot q_t\right) \tag{6.9}$$

$$c=10^{-\psi} \tag{6.10}$$

$$10^{\psi}=\Omega+\sum_{l=1}^{p}\left|N(i)_{l,q_t}\cdot q_t-N(j)_{l,q_t}\cdot q_t\right|+\sum_{l=p+1}^{h_i}N(i)_{l,q_t}\cdot q_t+\sum_{l=p+1}^{h_j}N(j)_{l,q_t}\cdot q_t \tag{6.11}$$

其中，ψ 是一个正常数，$\Omega\geqslant 0$，且 Ω 是尽可能小的值。特别的，如果 CR_i 和 CR_j 不相邻，则 $r_{i,j}=0$；如果 $r_{i,j}=1$，则意味着 CR_i 和 CR_j 有最强的相似关系。

举例说明：如图 6.3 所示，CR_i 表示为(game，travel，digit.it，auto，sport)，可得到

$$\mathrm{CR}_i=\left(\overrightarrow{\mathrm{Int}_{i,l}}\right)_{1\times 5} \tag{6.12}$$

$$\overrightarrow{\mathrm{Int}_{i,1}}=(400,1000,1680,1800)^{\mathrm{T}} \tag{6.13}$$

$$\overrightarrow{\mathrm{Int}_{i,2}}=(870,1080,1200,3400,4650)^{\mathrm{T}} \tag{6.14}$$

$$\overrightarrow{\mathrm{Int}_{i,3}}=(160,1900,1500,1800)^{\mathrm{T}} \tag{6.15}$$

$$\overrightarrow{\mathrm{Int}_{i,4}}=(700,1600,2700,2980,4300)^{\mathrm{T}} \tag{6.16}$$

$$\overrightarrow{\mathrm{Int}_{i,5}}=(800,1000,1080,3360,900)^{\mathrm{T}} \tag{6.17}$$

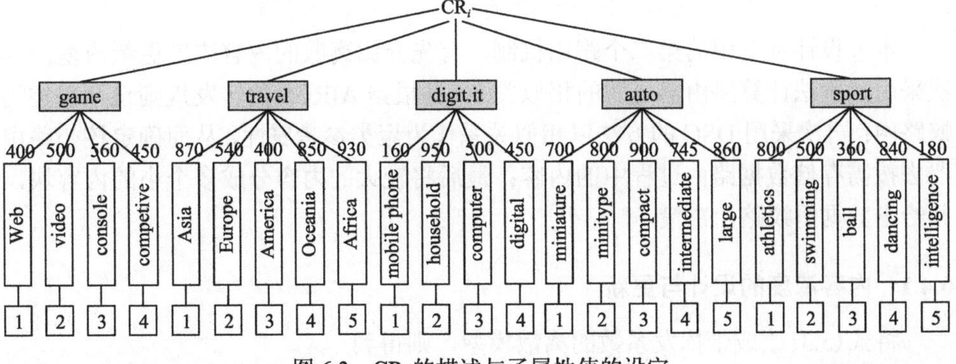

图 6.3　CR_i 的描述与子属性值的设定

6.3.3　路由决策的设计与描述

首先为 ia_λ 计算从 CR_i 到 CR_j 的转发概率。通过模拟求解 TSP 时的转发概率

计算方式，可得到

$$\mathrm{fp}_{i,j}^{\lambda}(t,I)=\frac{\left[\mathrm{Tcc}_{i,j}(t,I)\right]^{\alpha}\cdot\left[H_{i,j}(t,I)\right]^{\beta}}{\sum\limits_{\mathrm{CR}_{io}\in\mathrm{Fw}_{i}^{\lambda}}\left[\mathrm{Tcc}_{i,io}(t,I)\right]^{\alpha}\cdot\left[H_{i,io}(t,I)\right]^{\beta}} \tag{6.18}$$

$$H_{i,j}(t,I)=\frac{1}{r_{i,j}} \tag{6.19}$$

其中，α 和 β 分别是内容浓度和相似关系的调节因子，α 越大说明内容浓度对兴趣蚂蚁的转发起越大的主导作用，β 越大说明相似关系对兴趣蚂蚁的转发起越大的主导作用；由于要达到内容浓度与相似关系的权衡，故在仿真阶段将 α 和 β 设为同一个值。此外也可以看出，$\mathrm{Tcc}_{i,j}(t,I)$ 越大转发概率越大，这说明高的内容浓度有利于兴趣蚂蚁的转发；而 $r_{i,j}$ 越小转发概率越大，这说明低的相似关系有利于兴趣蚂蚁的转发，这与本章引言中分析的想法是一致的。尤其式(6.19)的左边与时间和迭代次数无关，这是因为提取的内容是局部静态的。

然后是路由决策。本节设计的 AIRCS 与第 4 章设计 ACOIR 在转发和路由决策的形式上是非常相近的，不同之处在于 AIRCS 通过相似关系和内容浓度转发兴趣蚂蚁，而 ACOIR 仅仅通过拓扑的物理距离(第一次迭代)或者内容浓度(第一次迭代之后)转发兴趣蚂蚁。因此，为了节省空间，本节不再赘述 AIRCS 的路由决策过程，详见算法 4.2。

6.4　基于离散型路由机制的设计

本节设计本章中的第二个路由机制，首先介绍离散的内容浓度更新模型；其次采用点乘法计算路由器之间的相似关系，并根据 AIRCS 的转发规则设计兴趣蚂蚁路由；再次采用 DSC 的方法以相似关系作为聚类参考属性，从而确定核心路由器去按需存储数据路由过程中的内容；最后将较大的内容分成多个小的内容块，并给出数据蚂蚁路由决策。

6.4.1　内容浓度的设计与更新

将式(5.3)改成带挥发系数的离散模型，则得到

$$\mathrm{Tcc}_{i,j}(t,I)=(1-\rho)\cdot\mathrm{Tcc}_{i,j}(t,I-1)+\mathrm{ac}_{i,j}(\Delta t_{I},I) \tag{6.20}$$

$$\mathrm{ac}_{i,j}(t,I)=\sum_{\lambda=1}^{m}\mathrm{ac}_{i,j}^{\lambda}(t,I)\cdot x_{\lambda} \tag{6.21}$$

其中，ρ 是内容浓度挥发系数，$1-\rho$ 是关于内容浓度的剩余因子，$\rho \in (0,1)$ 防止内容浓度无限大的累积。欲具体化式(6.20)，需要对 $\mathrm{ac}_{i,j}^{\lambda}(t,I)$ 进行建模，这里考虑两种情况：一种是兴趣蚂蚁一次迭代中获取内容的情况；另一种是兴趣蚂蚁一次迭代中未获取内容的情况。

面对第一种情况，$\mathrm{ac}_{i,j}^{\lambda}(t,I)$ 与 ia_{λ} 一次迭代中经历的路径长度、已经遍及的路由器个数、迭代次数和当前路由器提供内容的次数有关，即

$$\mathrm{ac}_{i,j}^{\lambda}(t,I)=\frac{\cos\left(1-\mathrm{e}^{-\mathrm{pcon}_j}\right)}{\mathrm{hop}_j \cdot L_{\lambda} \cdot I} \tag{6.22}$$

其中，pcon_j 是 CR_j 提供内容的次数；hop_j 是兴趣请求者与 CR_j 之间的跳数；$\mathrm{ac}_{i,j}^{\lambda}(t,I)$ 的域值是 $(0,1)$。此外，$\cos\left(1-\mathrm{e}^{-\mathrm{pcon}_j}\right)$ 是关于 pcon_j 的减函数，它的功能是在 pcon_j 过大时减少和平衡节点的负载，以此分散兴趣蚂蚁并确保网络的负载均衡度。

面对第二种情况，由于是获取失败，故 $\mathrm{ac}_{i,j}^{\lambda}(t,I)$ 与 pcon_j 和 I 没有直接的关系，即

$$\mathrm{ac}_{i,j}^{\lambda}(t,I)=K \cdot \frac{\mathrm{hop}_j^{-\sigma}}{L_{\lambda}} \tag{6.23}$$

其中，σ 反映内容浓度更新过程中兴趣蚂蚁的动向对整个网络的重要程度；K 是一个调节因子，用来避免 $\mathrm{hop}_j^{-\sigma}/L_{\lambda}$ 过大或者过小。

6.4.2　相似关系的计算

虽然点乘法需要确定一个未知参数，但是可以利用其计算复杂度较低的特点来获取相似关系。承接式(6.1)～式(6.8)，只需对式(6.9)～式(6.11)进行如下改写：

$$r_{i,j}=\frac{1}{M}\cdot\sum_{l=1}^{\max\{h_i,h_j\}}\left[\left(N(i)_{l,q_t}\cdot q_t\right)\left(N(j)_{l,q_t}\cdot q_t\right)\right]=\frac{{q_t}^2}{M}\sum_{l=1}^{p}N(i)_{l,q_t}\cdot N(j)_{l,q_t} \tag{6.24}$$

$$M \geqslant \max_{\forall i,j}\left\{\sum_{l=1}^{p}N(i)_{l,q_t}\cdot N(j)_{l,q_t}\right\} \tag{6.25}$$

其中，$\max\{h_i,h_j\}$ 确保 CR_i 和 CR_j 有相同的元素；换言之，若 CR_i 中有较少的元素，则需要在其矩阵的后面补充 h_j-h_i 个零，显然这些零对式(6.24)的计算是不

起任何作用的。

虽然 M 取值的弹性较大，为了确保稳定的取值且得到唯一的相似关系，本节只取式(6.25)中的等号成立。

6.4.3 核心路由器的确定

本节采用基于相似关系的 DSC 选择核心路由器，即把两个路由器之间的相似关系看成聚类参考属性。用 $N_\varepsilon(\mathrm{CR}_i)$ 代表 ε 邻域内与 CR_i 相关的路由器个数，则它的定义如下：

$$N_\varepsilon(\mathrm{CR}_i)=\left\{\mathrm{CR}_j\in D\mid \mathrm{mr}_{i,j}\geqslant \mathrm{eps}\right\} \tag{6.26}$$

其中，D 是关于 CR_i 的 ε 邻域；$\mathrm{mr}_{i,j}$ 是 CR_i 和 CR_j 之间的聚类参考属性；eps 是一个阈值，用于界定 $\mathrm{mr}_{i,j}$ 的范围。

虽然相似关系可以用来作为聚类参考属性，但绝非两个路由器之间直接相连的相关关系，而是一种普遍意义上的相关关系，即不相邻的两个路由器之间也存在相似关系。DSC 是站在物理空间的角度而不是逻辑空间的角度，因此需要计算两个非直接相邻路由器之间的相似关系。

当然，如果 CR_i 与 CR_j 是相邻的，则 $\mathrm{mr}_{i,j}=r_{i,j}$；反之，假设 CR_i 与 CR_j 相通需要连接 k 个路由器，分别记为 $\mathrm{CR}_{c1},\mathrm{CR}_{c2},\cdots,\mathrm{CR}_{ck}$，通过间接的计算方式，可得到

$$\mathrm{mr}_{i,j}=r_{i,c1}r_{c1,c2}\cdots r_{ck,j}=r_{i,c1}r_{ck,j}\prod_{q=1}^{k-1}r_{cq,c(q+1)} \tag{6.27}$$

这说明 $\mathrm{mr}_{i,j}$ 是由互相连通的 $k+2$ 个路由器的直接相似关系得到的。

下面给出核心路由器的定义。

定义 6.2(核心路由器) 给定一个域值 $\varGamma$，如果满足

$$N_\varepsilon(\mathrm{CR}_i)\geqslant \varGamma \tag{6.28}$$

则 CR_i 是核心路由器。

采用基于相似关系的 DSC 选择核心路由器有如下两点好处：一是在一定程度上摆脱了物理拓扑的限制，使聚类更加丰富多样；二是把相似度较高的路由器聚类到一起，有助于兴趣蚂蚁根据相似关系进行转发。

6.4.4 路由决策的设计与描述

ICN 路由包括兴趣蚂蚁路由和数据蚂蚁路由，本节的兴趣蚂蚁路由决策过程

同 6.3.3 节，下面详细介绍数据蚂蚁路由。

由于某些链路上的带宽不支持整块内容的传输，故需要将大的内容分成若干个小的内容块，这是硬性需求。这样做还有一个好处，就是分散网络负载，加快内容的传输。

首先，内容提供者生成一定数量的数据蚂蚁。用 Sc 和 Dn 分别代表请求内容的大小和分解之后的内容数目，则得到

$$\mathrm{Dn} = \left\lceil \frac{\mathrm{Sc}}{2^{\mu}} \right\rceil \tag{6.29}$$

其中，μ 是一个正常量；向上取整操作确保 Dn 是一个正整数。

用 Sc_1 代表前 $\mathrm{Dn}-1$ 个数据蚂蚁中每只携带的内容大小，Sc_2 代表最后一只数据蚂蚁携带的内容大小，则得到

$$\mathrm{Sc}_1 = 2^{\mu} \tag{6.30}$$

$$\mathrm{Sc}_2 = \mathrm{Sc} - (\mathrm{Dn}-1)\cdot \mathrm{Sc}_1 \tag{6.31}$$

由于一只数据蚂蚁只许携带一块小的内容，则可知数据蚂蚁的数量是 Dn，分别记为 $\mathrm{Dant}_1, \mathrm{Dant}_2, \cdots, \mathrm{Dant}_{\mathrm{Dn}}$。值得一提的是，内容提供者先发送一个确认消息 ACK（应答信号）到兴趣请求者，一方面告诉兴趣请求者在兴趣蚂蚁的路由过程中已经发现内容，另一方面通知兴趣请求者它生成了 Dn 只数据蚂蚁。

然后，对于一只数据蚂蚁，它沿着最合适的路径逆向返回到兴趣请求者。在这个过程中，当到达一个路由器，首先判断该路由器是不是核心路由器：如果是，出现两种情况：①如果 CS 有剩余空间，则缓存该内容；②如果 CS 无剩余空间，执行替换策略再缓存该内容；否则，从 PIT 中寻找一个合适的接口进行转发。

最后，兴趣请求者检查是否所有的数据蚂蚁已经到达，如果是，将 Dn 个内容进行组装；否则，继续等待直到所有的数据蚂蚁到来或者容忍时延到期。

根据上述描述，AIRDD 机制的伪代码如算法 6.1 所示，其中第 1 行代表兴趣蚂蚁路由，它与算法 4.2 相似。

算法 6.1　AIRDD 机制

输入： m 只兴趣蚂蚁，cn_r

输出： 内容或者失败

01:　执行兴趣蚂蚁路由；

02:　**if**　找不到内容，**then**

```
03:     返回失败;
04: else
05:     内容提供者生成Dn只数据蚂蚁;
06:     发送ACK和Dn给兴趣请求者;
07:     for i=1 to Dn, do
08:         if CS已满, then
09:             缓存子内容;
10:         else
11:             执行LRU替换策略;
12:             换成子内容;
13:         end if
14:     end for
15:     if Dn只数据蚂蚁到达兴趣请求者, then
16:         重新组合Dn个子内容;
17:         返回内容;
18:     else
19:         返回失败;
20:     end if
21: end if
```

6.5 仿真与性能评价

本节对提出的AIRCS和AIRDD进行仿真，并从平均路由成功率、平均路由跳数、平均时间开销、平均负载均衡度以及平均吞吐量等五个具有代表性的方面进行性能评价。

6.5.1 实验方法

事实上，对AIRCS的测试已经在第4章作为对比基准完成了，然而它的性能并不能超越ACOIR。为了使对比更加公平可信，本章将ACOIR中的CS和PIT模块的设计集成到AIRCS中，记为AIRCS+方案，进而对比ACOIR、AIRCS和AIRCS+三个方案的性能，此为第一部分对比。此外AIRDD是对AIRCS的改进，因此只需将二者进行对比即可，此为第二部分对比。

实验环境、数据来源以及整体的发包方式同4.5.1节，而在第二部分的对比中特别发出1000个兴趣请求用于统计性测试。仿真拓扑采用Deltacom，同图5.8。部分参数设置同4.5.1节，其余的参数设置如下：$\alpha=\beta=\sigma=1$，$\rho=\text{eps}=0.5$，

$I_{\max} = 80$，$\Gamma = 3$，$\mu = 8$，$K = 2$。

6.5.2　平均路由成功率测试

图 6.4 展示了 ACOIR、AIRCS 和 AIRCS+等三个方案的平均路由成功率，可以看出三者有近乎相同的平均路由成功率，且能达到 100%。特别地，在发送 200 个兴趣请求时，采用 AIRCS 在某一次测试中的某一个兴趣请求不能获得内容，这是随机性原因造成的；而 ACOIR 和 AIRCS+却一直能够获得内容，这是因为它们全面地考虑了三个表项的设计，呈现了比较系统的路由模式。图 6.5 展示了 AIRCS 和 AIRDD 两个方案的平均路由成功率，可以看出它们都能以 100%的成功率获取内容。通过图 6.4 和图 6.5 可以得出一个结论，即 ACO 算法的引入能够最大化地

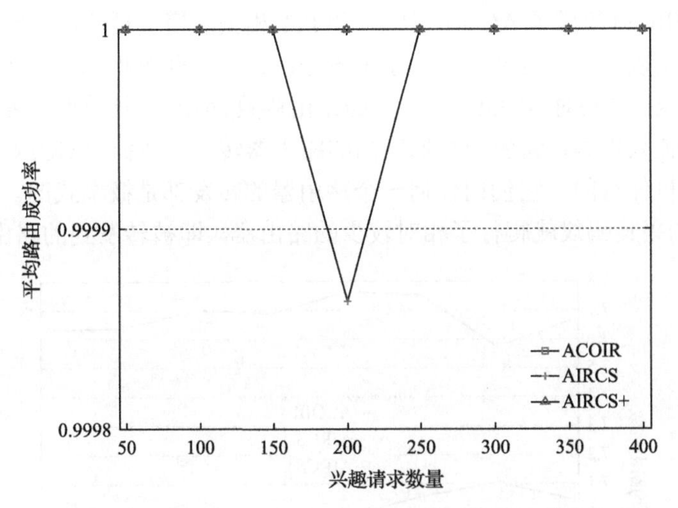

图 6.4　ACOIR、AIRCS、AIRCS+的平均路由成功率

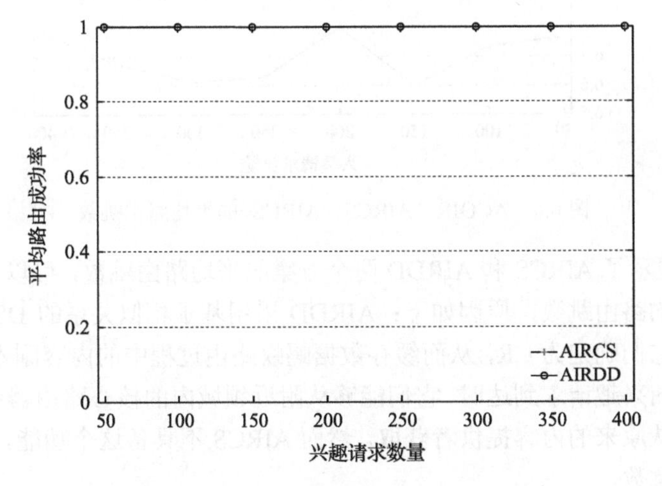

图 6.5　AIRCS、AIRDD 的平均路由成功率

提高内容获取的成功率。对于 ACOIR、AIRCS 和 AIRCS+，它们都采用了连续的内容浓度更新模型，故获取内容的成功率是有保障的，这一点我们已经在定理 4.3 给出了证明。虽然 AIRDD 采用的是离散的内容浓度更新模型，但是它充分利用了内容的相似关系，进而引导兴趣蚂蚁向正确的方向转发，故也保证了获取内容的成功率。

6.5.3 平均路由跳数测试

图 6.6 展示了 ACOIR、AIRCS 和 AIRCS+等三个方案的平均路由跳数，可以看出 AIRCS+有最小的平均路由跳数，而 AIRCS 有最大的平均路由跳数。4.5.4 节已经分析了为什么 ACOIR 相对 AIRCS 有较小的路由跳数，故不再赘述；除此之外，由于 AIRCS+集成了 ACOIR 中 CS 和 PIT 相关的模块设计，故也要比 AIRCS 有较小的路由跳数；对这两点，为了节省空间，以下几个指标中不再分析。下面分析为何 AIRCS+相对 ACOIR 有较小的路由跳数。AIRCS 计算两个路由器之间的相似关系，使兴趣蚂蚁避免向相似度高的路由器转发；然而 ACOIR 中兴趣蚂蚁的转发是随机任意的，它们向任何一个路由器的转发都是概率式的。如此一来，AIRCS+中的兴趣蚂蚁就爬行了相对较少的路由器，即被转发到的路由器较少。

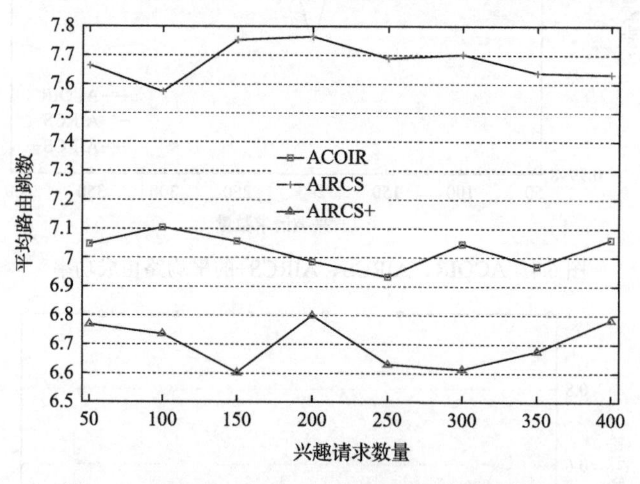

图 6.6 ACOIR、AIRCS、AIRCS+的平均路由跳数

图 6.7 展示了 AIRCS 和 AIRDD 两个方案的平均路由跳数，可以看出 AIRDD 有较少的平均路由跳数，原因如下：AIRDD 采用基于相似关系的 DSC 发现核心路由器并将它们确定为 CR，从而缓存数据蚂蚁路由过程中的内容副本。当后续相同或者相似的兴趣请求到达时，它们能够从附近领域内的核心路由器中获取内容，而不需要再从原来的内容提供者获取。然而 AIRCS 不具备这个功能，故具有较大的平均路由跳数。

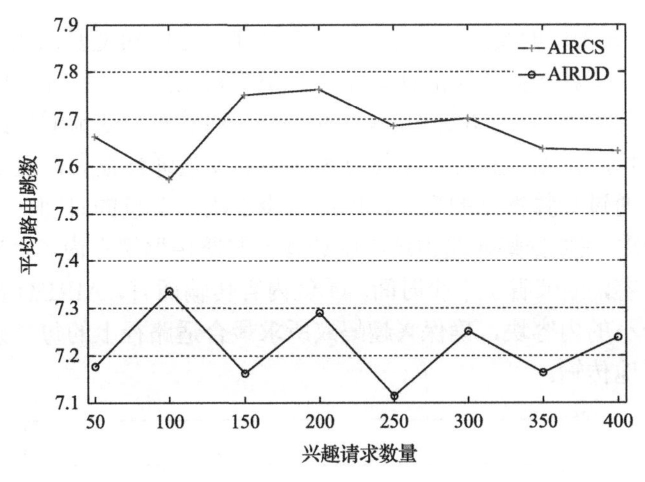

图 6.7　AIRCS、AIRDD 的平均路由跳数

6.5.4　平均时间开销测试

图 6.8 展示了 ACOIR、AIRCS 和 AIRCS+等三个方案的平均时间开销，可以看出 AIRCS+有最低的平均时间开销，而 AIRCS 有最高的平均时间开销。下面着重分析为何 AIRCS+相对 ACOIR 有较低的时间开销：①从内容浓度更新方面来看，AIRCS+延续的是第 4 章的模型，它对 ACOIR 中的更新模型进行了改进，对此 5.4.4 节已经给出了详细的说明。②从转发方面来看，AIRCS+利用路由器之间的相似关系引导兴趣蚂蚁转发，避免遍历一些相似度较高的路由器，由此节省许多时间。

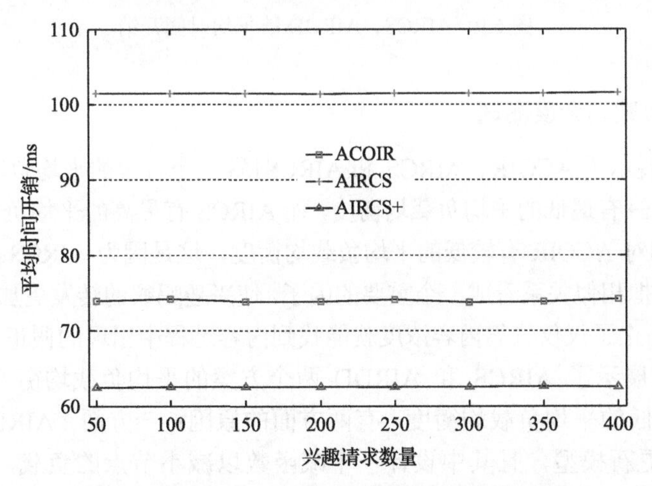

图 6.8　ACOIR、AIRCS、AIRCS+的平均时间开销

图 6.9 展示了 AIRCS 和 AIRDD 两个方案的平均时间开销，可以看出 AIRDD 有较低的平均时间开销，原因如下：①就内容浓度更新而言，AIRDD 采用的是离

散模型而 AIRCS 采用的是连续模型，毋庸置疑建立连续模型要比建立离散模型消耗更多的时间。②就相似关系的计算而言，AIRDD 选择点乘法而 AIRCS 选择绝对值减法，从式(6.24)、式(6.25)和式(6.9)～式(6.11)可以明显看出绝对值减法具有相对高的计算复杂度。另外，虽然点乘法中的变量弹性很大，但 AIRDD 将它设置为一个可通过计算得到的变量，因此减少了确定变量的时间。③就核心路由器而言，AIRDD 在数据蚂蚁路由过程中选择一些路由器缓存内容，为后续的兴趣请求更近的内容，故节省了不少时间。④就内容传输而言，AIRDD 把一个大的内容分成若干个小的内容块，确保兴趣蚂蚁所求最合适路径上的每一条链路都能够“畅通无阻”地传输。

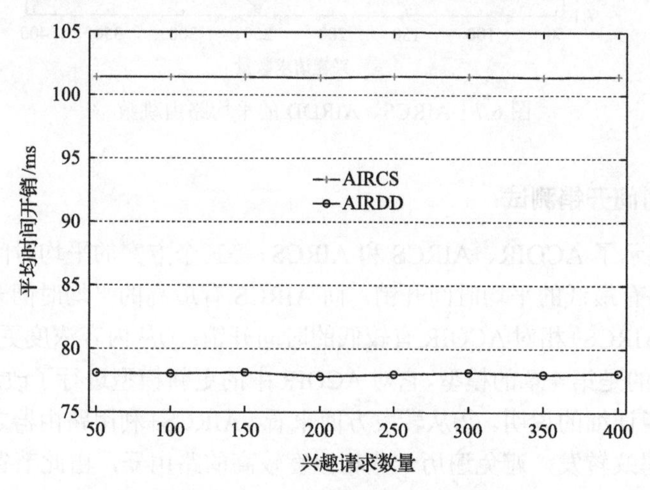

图 6.9　AIRCS、AIRDD 的平均时间开销

6.5.5　平均负载均衡度测试

图 6.10 展示了 ACOIR、AIRCS 和 AIRCS+等三个方案的平均负载均衡度，可以看出 AIRCS+有最低的平均负载均衡度，而 AIRCS 有最高的平均负载均衡度。为何 AIRCS+相对 ACOIR 有较低的平均负载均衡度，这是因为 AIRCS 模拟 ACO 算法求解 TSP，把相似关系看成一个重要的因子，使兴趣蚂蚁的转发更加具有多样性，这样有效地防止了仅仅依靠内容浓度就能找到内容过程中出现的假正反馈现象。

图 6.11 展示了 AIRCS 和 AIRDD 两个方案的平均负载均衡度，可以看出 AIRDD 有较低的平均负载均衡度，有两方面的原因：一方面，AIRDD 设计离散的内容浓度更新模型，且其中设计一个减函数以减小节点的负载，从而确保网络的负载均衡度不能太高，见式(6.22)。另一方面，AIRDD 采用了更细粒度的内容传输；然而，AIRCS 对所有的内容都进行集中传输，这就导致链路上的负载较重。

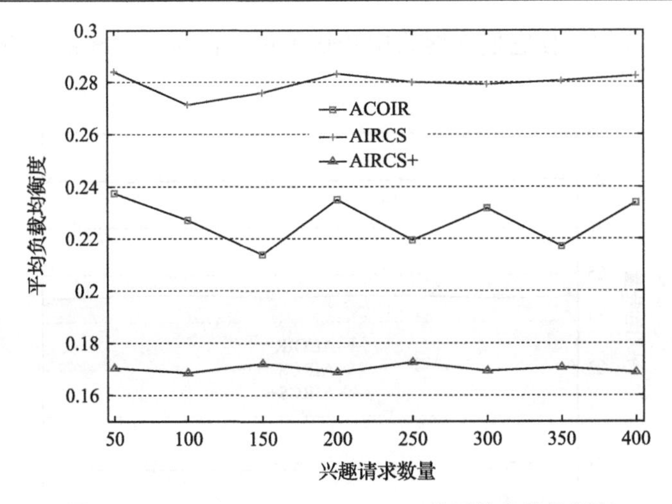

图 6.10　ACOIR、AIRCS、AIRCS+的平均负载均衡度

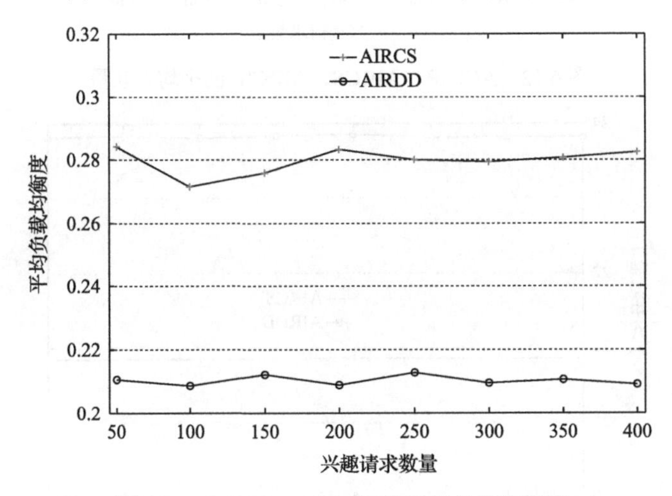

图 6.11　AIRCS、AIRDD 的平均负载均衡度

6.5.6　平均吞吐量测试

吞吐量是单位时间内处理兴趣请求的个数，本节中单位时间为 μs。图 6.12 展示了 ACOIR、AIRCS 和 AIRCS+等三个方案的网络平均吞吐量，可以看出 AIRCS+有最高的平均吞吐量，而 AIRCS 有最低的平均吞吐量。AIRCS+相对 ACOIR 有较高的吞吐量，这是因为 AIRCS+消耗较少的时间，所以有更多的时间去处理更多的兴趣蚂蚁。

图 6.13 展示了 AIRCS 和 AIRDD 两个方案的平均吞吐量，可以看出 AIRDD 有较高的平均吞吐量，有两方面的原因：一方面，AIRDD 有较低的时间开销，因此有更多的时间处理更多的兴趣蚂蚁；另一方面，AIRDD 将大的内容划分成

若干个小的内容块，使它们在网络中传输得更加便捷，故被处理的速度也越来越快。

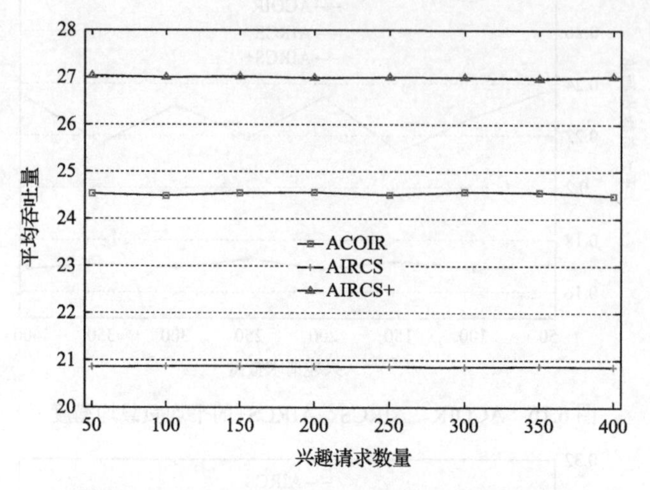

图 6.12　ACOIR、AIRCS、AIRCS+的平均吞吐量

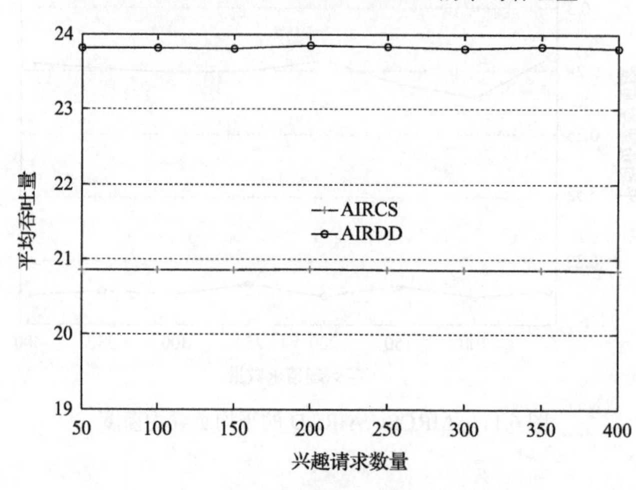

图 6.13　AIRCS、AIRDD 的平均吞吐量

6.6　本 章 小 结

路由器中存储的内容能够直接反映出用户的兴趣需求，因此挖掘路由器之间的相似关系有助于兴趣的转发。本章充分利用了相似关系，结合蚁群设计了连续型和离散型的 ICN 路由机制。其中包括三个主要的方面：①计算路由器之间的相似关系，在连续型路由机制中采用了绝对值减法，在离散型路由机制中采用了点乘法；②虽然连续的内容浓度模型比较接近蚂蚁的真实觅食行为，但是在建模的

过程中消耗了大量时间，因此设计了考虑网络负载在内的离散内容浓度模型，其中处理了成功转发的兴趣蚂蚁和未成功转发的兴趣蚂蚁；③更加巧妙地利用相似关系进行基于 DSC 的聚类分析，从而找到核心路由器去存储数据蚂蚁路由过程中的内容。此外，在实际的网络拓扑中进行了横向和纵向对比，结果表明本章提出的两个路由机制具有明显的优势。

第7章　基于蚁群和区域划分的ICN路由机制

随着用户使用模式的快速变化，内容的接入数量呈现出爆炸式的增长趋势，这对ICN路由的可扩展性提出巨大的挑战。因此，在设计基于蚁群路由机制的过程中，非常有必要对可扩展性问题做特殊的处理。这在互联网中已有相似的案例，为了使OSPF协议对网络的链路状态完成更快更好的收敛，采用划分AS的方式把一个大的网络拓扑分成若干个较小的AS。同理，仍可以采用类似的方式作用于ICN。本章提出基于蚁群和区域划分的ICN路由(ACO-inspired ICN routing with domain partition，AIRDP)机制用于解决可扩展问题，主要包括三个大的方面，即区域划分、信息管理和路由决策，并且在两个实际的网络拓扑上给予实验验证。

7.1　引　　言

7.1.1　研究动机

虽然蚁群能够通过自演化的能力适应包括FIB剧烈增长在内的外界变化环境，但是对改进甚至克服这种现象的效果并不是特别显著，这是因为兴趣蚂蚁在转发的过程中需要经过不断的迭代，这将增加或多或少的信息量，需要FIB预留专门的空间进行处理。因此，为了进一步解决FIB剧烈增长的问题，改善ICN路由的可扩展性，本章将额外引入其他的技术手段。3.2.5节我们综述了基于域的兴趣路由，它与OSPF中的AS划分不谋而合，都是为了提高网络的可扩展性，从而促进包的转发。鉴于此，本章采用基于区域划分的方式解决ICN路由的可扩展性。事实上，区域划分是聚类的一个具体表现形式，根据聚类参考属性的不同，区域划分的方式也有所不同。由于ICN存储的内容反映用户的兴趣需求，可以根据相似关系进行区域划分，从而更好地作用于用户的兴趣请求；就相似关系引入带来的好处，我们已经在第6章进行了详细的讨论和相关的验证。

通常情况下，一个区域内的路由器往往存有相似甚至相同的内容，这是由基于相似关系的区域划分所决定的。如此一来，如果兴趣请求能在本区域内得到满足，即只要有一个路由器提供内容即可，那么这个兴趣请求就不必再转发到另外区域的其他路由器，这样能够避免冗余的兴趣转发；如果兴趣请求不能在本区域得到满足，即所有的路由器都不能提供内容，那么这个兴趣请求才需要转发到其他区域的个别路由器；其中前者是域内路由，而后者是域间路由。通过以上描述可以看出，区域划分算法相当重要，并且一个好的算法要尽可能地把相似度较高的路由器划分到一个区域。

不管是域内路由还是域间路由，都需要对一个域内的信息进行查询，这就导致路由器还得一遍一遍地应付查询，增加查询信号，降低网络的性能。为此，启发于OSPF需要AS达到链路状态一致性这一特点，我们为每一个区域开辟一个专门的信息管理中心(information management center，IMC)用于存储一个区域内的所有信息，使路由器从频繁的查询中解脱出来。对于域间路由来说，BGP为每一个区域选择一个核心路由器与其他区域的核心路由器进行交互；然而这对划分后的ICN而言是不可行的，因为路由器已经不再存储内容，故无法计算转发的接口。为此我们把IMC看成区域与区域之间的交互连接，进而采用SDN中数据平面与控制平面的分离技术，将没有计算能力的路由器放置于数据平面用于兴趣的转发，控制平面用于兴趣转发的确定(路由计算)，这样就使路由器从复杂的计算中解脱出来。特别地，我们仅仅是利用SDN的这种分离技术并不是在全面地引入SDN，因为SDN有全局网络视图，它是集中式转发，与我们设计蚁群的分布式随机转发是相互矛盾的。因此，本章所说的控制器并不是SDN控制器，而是具有计算能力的交换机；此外，它还负责IMC的控制和管理。

7.1.2　主要贡献点

在蚁群分布式的随机转发基础上，本章提出基于区域划分的ICN路由机制，其中包括区域划分、信息管理和路由决策等三个模块，主要贡献点总结如下：

(1)就一个完整的ICN拓扑而言，分析任意相邻路由器之间的相似关系，以此作为链路权重，看成聚类参考属性，进而提出基于最大树的聚类方法对其进行区域划分，这样就得到多个互不交错的物理区域。虽然划分区域的方法很多，但是我们提出的方法对ICN而言是最新的。

(2)为了防止域内信息出现杂乱无章的现象，将一个区域内的所有信息交由一个IMC进行统一的管理，以此避免路由器的频繁访问，从而提高网络的性能。特别地，IMC包含两类信息：一类是与内容相关的信息，相当于路由器中CS的功能；另一类是与转发相关的信息，相当于路由器中PIT和FIB的功能。此外，IMC由控制平面的控制器进行管理和控制，以此进行信息的查询。

(3)路由分为域内路由和域间路由。就域内路由而言，不涉及兴趣蚂蚁的转发，只需由兴趣请求者发出一个兴趣请求，进而协调控制器、IMC和本区域即可。若域内路由失败，那么系统自动切换到域间路由模式，这时产生兴趣蚂蚁进行兴趣路由；此外在兴趣蚂蚁转发的过程中，首先搜寻域间路由器所有的链路连接状况，然后根据内容浓度和相似关系引导兴趣蚂蚁转发到合适的区域。

7.2　系统框架结构

本章对传统的 ICN 进行重构，提出包括 IMC、域和控制器在内的将数据平面与控制平面分离的新型体系结构，如图 7.1 所示。控制平面包含控制器，且一个控制器仅仅管理它对应的 IMC 和区域。通常情况下，控制器能发出两种不同类型的消息，即查询消息和转发消息；其中查询消息用于 IMC 中的信息查找，转发消息用于通知兴趣蚂蚁的转发，但却不参与转发。数据平面包括多个 IMC 和相同数量的区域，IMC 用于域内信息的集中存储，域内路由器仅仅用于兴趣蚂蚁的转发；其中 IMC 也能发出两种不同类型的消息，即成功消息和失败消息，成功消息用于告知内容被发现，失败消息用于告知内容未被发现。

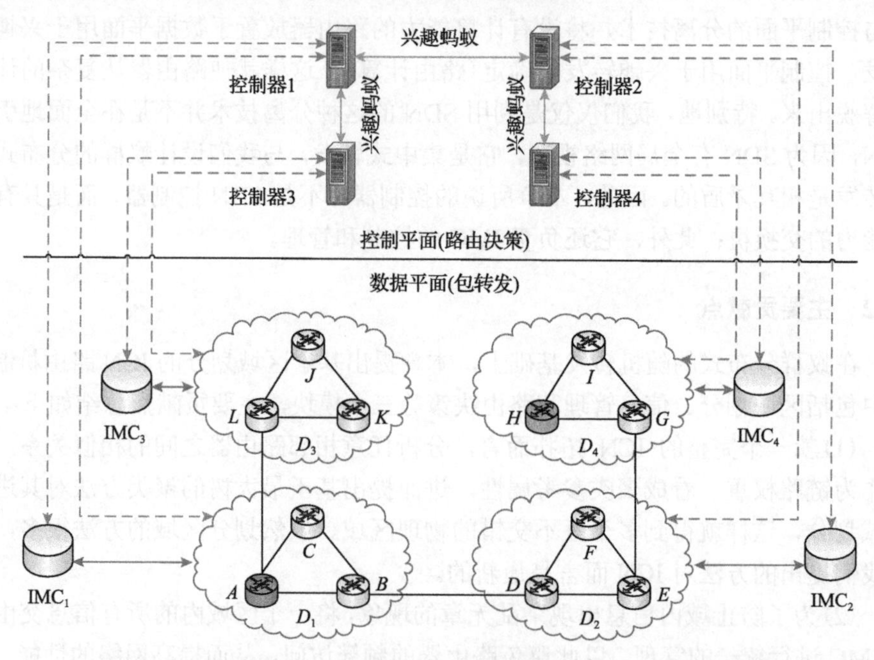

图 7.1　基于区域划分将控制平面与数据平面分离的 ICN 体系结构

图 7.1 中出现的控制器、IMC 和域，功能描述如下：

⑴ 控制器控制消息的传输，控制其 IMC 为来自对应区域的兴趣请求提供内容，主要在域内路由过程中发挥作用，不干涉域间路由中兴趣蚂蚁的随机转发。

⑵ 把相似关系看成聚类参考属性，每个区域内的路由器都具有相似甚至相同的内容。特别地，两个区域可以是不相邻的(如图 7.1 中的 D_3 和 D_4)，也可以是相邻的(如图 7.1 中的 D_1 和 D_3)，下面给出相邻的定义。

定义 7.1(相邻)　对于 $\forall\, \mathrm{CR}_i$ 和 CR_j，$i \neq j$，如果在 CR_i 和 CR_j 之间存在一

条直接链路，则它们是相邻的；进一步地，$\forall \mathrm{CR}_i \notin D_j$，如果$\mathrm{CR}_i$与$D_j$中的任意一个路由器相邻，则$\mathrm{CR}_i$与$D_j$是相邻的，且$\mathrm{CR}_i$所在的区域与$D_j$也是相邻的。

(3) IMC 具有它对应区域内所有关于内容和转发的信息，这些信息主要包括内容名、内容以及路由器与其他区域的相邻关系。前两个很好理解，最后一个用来计算区域之间的相似关系，这不同于路由器之间的相似关系，下面给出相邻关系的定义。

定义 7.2（相邻关系）　$\forall \mathrm{CR}_i \notin D_j$，如果$\mathrm{CR}_i$与$D_j$是相邻的，则$\mathrm{CR}_i$的相邻关系是$D_j$；如果$\mathrm{CR}_i$与任何一个区域都不相邻，则$D_j$没有相邻关系，即 Null。

例如，在图 7.1 中，B 与 D_2 中的 D 相邻，则 B 的相邻关系是 D_2。

图 7.2 展示了 AIRDP 的系统框架，其中包括三个大模块，且每个模块又包括两个小的子模块。区域划分模块包括相似关系评估和聚类分析，将整个 ICN 拓扑划分成若干个区域；信息管理模块包括内容相关的存储(content-related memory，CM)和转发相关的存储(forwarding-related memory，FM)，对区域内的这两项信息进行集中管理，便于内容的获取和兴趣的转发；路由决策模块包括域内路由和域间路由，域内路由不需要转发兴趣请求，域间路由需要由对应的 IMC 生成一组兴趣蚂蚁进行随机转发，这实际相当于把兴趣蚂蚁在原始 ICN 拓扑上的全局转发变成区域之间的转发，而查询路由器变成了查询 IMC。

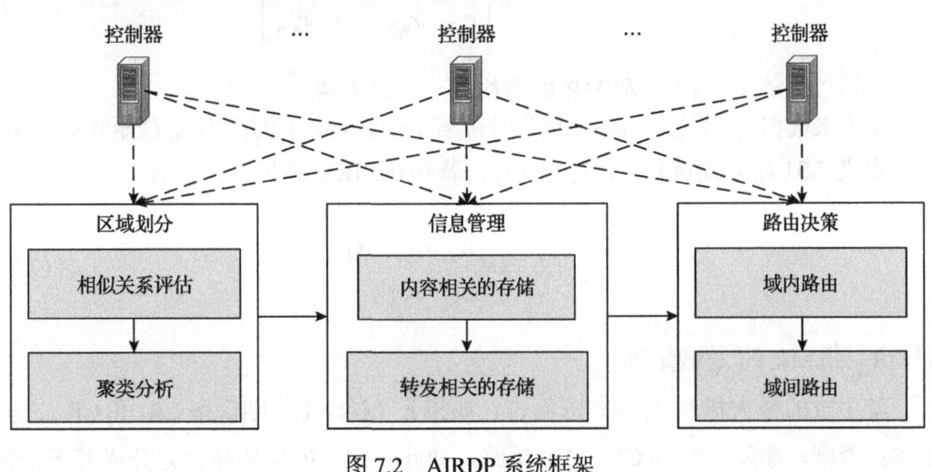

图 7.2　AIRDP 系统框架

7.3　基于区域划分路由机制的设计

本节以区域划分为基础设计蚁群 ICN 路由机制，首先是预备工作，即对一个 ICN 拓扑进行区域划分；然后为每一个区域设置一个 IMC，以此对区域内的信息进行集中管理；最后，按需进行域内或者域间路由决策。

7.3.1 基于最大树的区域划分

聚类分析法常常用于区域划分，它一般包括传递闭包法、直接聚类法、编网法、最大树法等[179]。本节我们采用最大树法进行网络划分，这是因为最大树是一个带权重的无向图，它不需要对ICN拓扑进行复杂的转化过程。最大树法聚类由四个主要的部分组成[180]：首先，按照相似关系的降序排列连接路由器节点；其次，以相似关系为聚类参考属性标记链路的权重值，从而获得最大树；再次，给定任意一个处于0和1之间的域值 $\lambda_0 \in [0,1]$，沿着最大树删除权重值小于 λ_0 的所有链路；最后，将最大树中那些相互连接的路由器视为一个区域。

给定的ICN拓扑记为 G，要想构建最大树，需要知道链路上的权重值，即路由器之间的相似关系，对此我们已经在第6章给出了两种详细的计算方式。鉴于点乘法较绝对值法有更低的时间开销，故本章沿用点乘法计算路由器之间的相似关系，这里不再赘述。用矩阵MR记录所有路由器之间的相似关系，则得到

$$\mathrm{MR} = (r_{i,j})_{n \times n} = \begin{bmatrix} r_{1,1} & r_{1,2} & \cdots & r_{1,n} \\ r_{2,1} & r_{2,2} & \cdots & r_{2,n} \\ \vdots & \vdots & & \vdots \\ r_{n,1} & r_{n,2} & \cdots & r_{n,n} \end{bmatrix} \tag{7.1}$$

根据以上陈述，由 G 和MR即可构造一个最大树。

接下来根据 λ_0 截矩阵将最大树划分成若干个区域，下面给出 λ_0 截矩阵的定义。

定义7.3（λ_0 截矩阵） $\forall \lambda_0 \in [0,1]$，若存在 MR_{λ_0} 满足

$$r_{i,j}(\lambda_0) = \begin{cases} 1, & r_{i,j} \geqslant \lambda_0 \\ 0, & \text{其他} \end{cases} \tag{7.2}$$

则 MR_{λ_0} 是MR的 λ_0 截矩阵。

就生成的最大树和 λ_0 截矩阵而言，如果 $r_{i,j}(\lambda_0)=1$，则保留 CR_i 和 CR_j 之间链路；否则，删除 CR_i 和 CR_j 之间链路。如此一来，ICN拓扑就划分成若干个物理区域，其中，存在两种极端情形：①若 λ_0 大于MR中的最小值，则ICN拓扑划分成 n 个区域，即每一个路由器是一个区域；②若 λ_0 小于等于MR中的最大值，则ICN拓扑划分成一个区域，即划分失效。因此 λ_0 的设置至关重要，并且不同的 λ_0 将会有不同的划分结果。特别的，若 $r_{i,j}=1$，则 CR_i 和 CR_j 一定位于一个区域；然而，若 $r_{i,j}=0$，则并不意味着 CR_i 和 CR_j 就一定不在一个区域。例如图7.3中

的CR_4和CR_7并不相邻，但是它们处于同一个区域。与此同时，图 7.3 也展示了从 ICN 拓扑到最大树再到区域划分的过程。

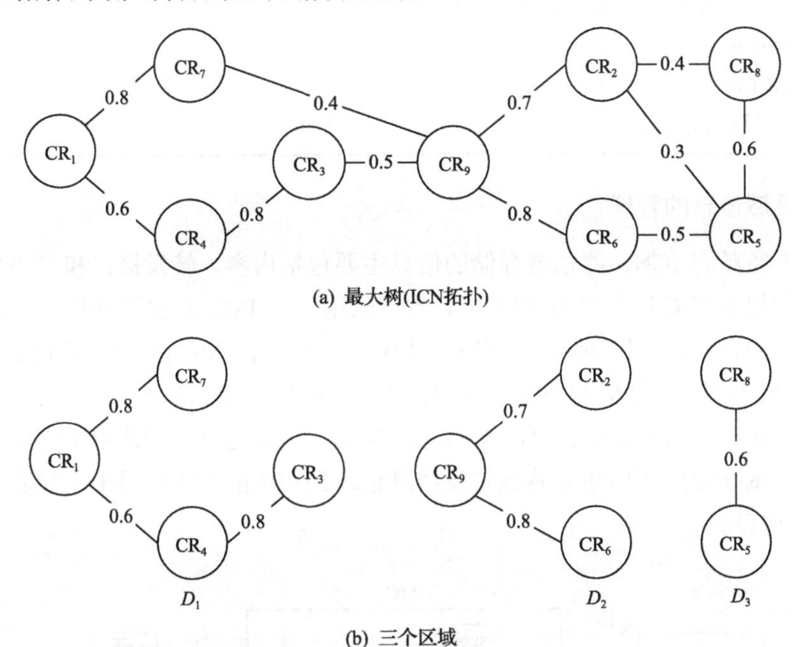

图 7.3　基于最大树区域划分的示例说明(阈值等于 0.6)

通过以上描述，区域划分的伪代码如算法 7.1 所示，其中第 1～3 行是内容的提取，第 4～6 行是相似关系的计算，第 9～13 行是区域的形成。

算法 7.1　区域划分算法

输入: G ，λ_0

输出: 划分的区域

01:　**for**　i=1 to n，**do**

02:　　通过式(6.12)获得CR_i；

03:　**end for**

04:　**for**　i,j=1 to n，**do**

05:　　通过式(6.24)计算$r_{i,j}$；

06:　**end for**

07:　通过式(7.1)获得 MR；

08:　通过式(7.2)计算MR_{λ_0}；

09:　**for**　i,j=1 to n，**do**

10: **if** $r_{i,j}(\lambda_0)=0$, **then**
11: 　删除 CR_i 和 CR_j 之间的链路;
12: **end if**
13: **end for**
14: 返回划分的区域;

7.3.2　区域信息的管理

对于经典的 ICN，路由器存储的信息主要包括内容、转发接口和未决兴趣，它们分别记录在 CS、FIB 和 PIT 中。本章采用一个 IMC 存储这些信息，将路由器从频繁的表查找和切换中解脱出来。如图 7.4 所示，IMC 由 CM 和 FM 两个表组成，CM 与 CS 有相似的功能，FM 与 FIB 和 PIT 有相似的功能。如果一个兴趣请求不能在相应的 CM 中找到匹配的内容(CS)，那么这个兴趣请求不仅要转发到其他的区域(FIB)，同时也要将该转发消息记录到相应的 FM 中用于引导后续的兴趣转发(PIT)。

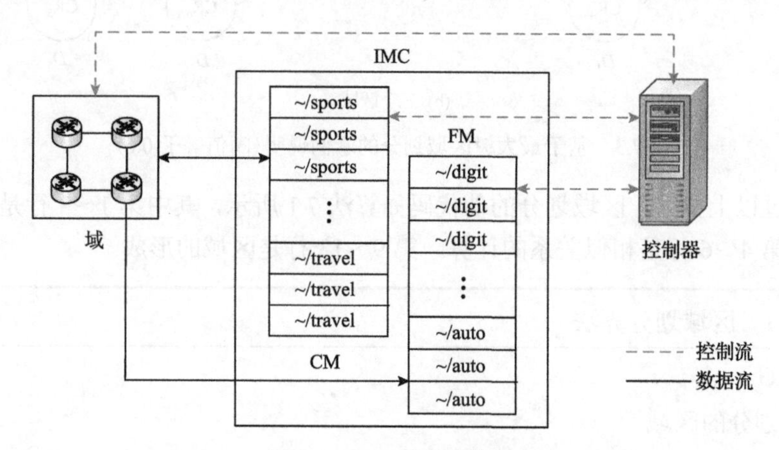

图 7.4　IMC 的集中管理

1. CM 设计

兴趣请求到达一个路由器，该路由器需要检查它所在区域对应的 CM 而不是 CS。如表 7.1 所示，CM 结构包括六个表项：路由器编号、内容编号、内容名前缀、内容名、内容和相邻关系。其中内容名前缀反映了区域的基本属性，例如表 7.1 涉及的区域倾向于转发与运动和体育相关的兴趣请求；相邻关系已经在定义 7.2 给出了说明，它可以是一个区域也可以是 Null。

表7.1　CM结构

路由器编号	内容编号	内容名前缀	内容名	内容	相邻关系
CR_1	$Cont_1$	/sports.sohu.com	～/basketball.shtml	video1.mp4	D_3
CR_1	$Cont_2$	/sports.sohu.com	～/football.shtml	webpage1	D_3
CR_2	$Cont_3$	/sports.sohu.com	～/tennis.shtml	webpage2	D_2
CR_2	$Cont_4$	/sports.sohu.com	～/pingpong.shtml	video2.mp4	D_2
CR_1	$Cont_5$	/travel.sohu.com	～/china.shtml	webpage3	D_3
CR_2	$Cont_6$	/travel.sohu.com	～/world.shtml	video3.mp4	D_2
CR_3	$Cont_7$	/travel.sohu.com	～/around.shtml	webpage4	Null
⋮	⋮	⋮	⋮	⋮	⋮

CM中信息的存储方式采用的是内容名前缀索引而不是路由器编号索引。例如，在表7.1，关于运动的信息优先集中存储，然后再集中存储与旅游相关的信息。考虑一个兴趣请求的内容名是/travel.sohu.com/around.shtml，由于它的前缀是/travel.sohu.com/，内容$Cont_5$优先被试图匹配而不是从编号为CR_1的路由器开始查找。

域内的每个路由器都要提交CS的信息到CM以便集中管理，这样能够降低由于CS中不断进行的内容匹配给路由器带来的负担，进而提升查询速度。例如，在表7.1中考虑一个兴趣请求的内容名是/travel.sohu.com/around.shtml($Cont_7$)，且能够通过CR_3发现。若采用经典的ICN，则查询次数是7，因为查询的顺序是$Cont_1$、$Cont_2$、$Cont_5$、$Cont_3$、$Cont_4$、$Cont_6$、$Cont_7$；然而若采用本节的查询方式，则查询次数是4，因为从$Cont_1$～$Cont_4$只需一次查询，接下来是$Cont_5$、$Cont_6$、$Cont_7$。

2. FM设计

如果CM中没有找到与兴趣请求匹配的内容，则需要将这个兴趣请求转发到其他区域。但是在转发之前需要查询FM，以寻找转发的方向，这是因为FM存储着与转发相关的信息。如表7.2所示，FM结构包括四个表项：内容编号、内容名前缀、内容名和出口接口。其中出口接口是指兴趣请求要转发到的下一跳区域而不是路由器；内容名前缀用于匹配CM中失败的兴趣请求，进而指出相应的转发方向。特别地，与CM相似，它的信息存储也是基于内容名前缀索引。

表7.2　FM结构

内容编号	内容名前缀	内容名	出口接口
$Item_1$	/digit.it.sohu.com	～/mobile.shtml	Null
$Item_2$	/digit.it.sohu.com	～/home.shtml	D_2
$Item_3$	/auto.sohu.com	～/luxury.shtml	D_3
$Item_4$	/auto.sohu.com	～/mpv.shtml	D_4
⋮	⋮	⋮	⋮

与 CM 中的相邻关系一样，FM 中的出口接口是一个区域或者 Null。如果是一个区域，则意味着已经向该区域进行了兴趣请求的转发，且已经获取内容。这种情况下 FM 相当于 FIB 的角色。如果是 Null，则意味着兴趣请求已经转发到其他区域，只不过内容尚未获取，换言之，正在允许的时间范围内等待内容的返回。进一步地，如果等到内容返回，则 Null 置为方才所说的其他区域；否则，丢弃此兴趣请求。以上这种情况 FM 相当于 PIT 的角色。

举例说明：考虑一个兴趣请求的内容名是/digit.it.sohu.com/mobile.shtml，它被转发到 D_1，如果没有获取到这个内容，则对应的出口接口记为 Null，如表 7.2 的 $Item_1$。考虑一个兴趣请求的内容名是/digit.it.sohu.com/home.shtml，如果它直接从 D_2 接收到内容，则如表 7.2 的 $Item_2$。

7.3.3 路由决策的设计与描述

域内路由是指兴趣请求在同一个区域由同一个控制器控制同一个 IMC 提供所需的内容，或成功或失败。当域内路由失败，系统下发指令使控制器产生兴趣蚂蚁，然后进入兴趣蚂蚁的随机转发状态，即切换到域间路由。

1. 域内路由

为了便于域内路由过程的理解，考虑普遍化的情况：域 D_i 中的一个路由器 CR_x 接到一个兴趣请求 ix 。首先 CR_x 提交 ix 的内容名到 $controller_i$ ；然后 $controller_i$ 发送查询消息到 CM_i ，且按名字前缀进行查找。在后续的过程中，存在如下四种可能的情形。

(1) 如果发现内容，则 CM_i 向 $controller_i$ 发送成功消息，与此同时也为 CR_x 提供内容，在这个过程中，CM_i 不必要等到 $controller_i$ 接到成功消息之后，继而指派它才能提供内容，因此节省了等待时间。如果内容发现失败，则首先 CM_i 向 $controller_i$ 发送失败消息，然后 $controller_i$ 发送查询消息到 FM_i ，此时检查其中是否有匹配的内容名前缀。

(2) 如果不能发现匹配的内容名前缀，则首先 FM_i 向 $controller_i$ 发送失败消息，然后 $controller_i$ 发送转发消息到 D_i 使其转发 ix 到其他的区域(此为域间路由)；否则检查其中是否有匹配的内容名。

(3) 如果不能发现匹配的内容名，则首先 FM_i 向 $controller_i$ 发送失败消息，然后 $controller_i$ 发送转发消息到 D_i 使其转发 ix 到其他的区域(此为域间路由)；否则这意味着 D_i 已经转发了 ix ，但还不能确定内容是否已经返回，为此需要检查其中的出口接口。

(4) 如果匹配的出口接口是 D_j ，则意味着与 ix 相同的兴趣请求已经接收到返回的内容，但是 ix 并没有，此时将 ix 转发到 D_j。如果匹配的出口接口是 Null，则同样意味着 ix 还没有接收到返回的内容，此时需要在允许的时间范围内等待。

通过上述描述，域内路由过程如图 7.5 所示，伪代码如算法 7.2 所示。

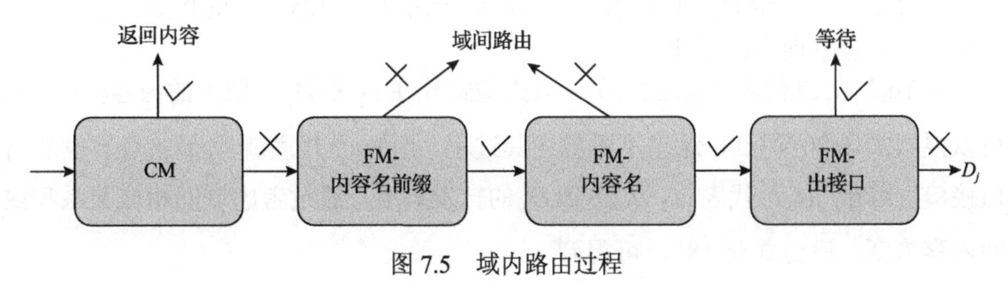

图 7.5　域内路由过程

算法 7.2　域内路由算法

输入： D_i， CR_x， ix

输出： 内容或者失败

01:　**if** CM_i 中发现内容，**then**

02:　　返回内容；

03:　**else if**　没有匹配的内容名前缀，

　　　FM_i 发现内容，

　　　匹配的出口接口是 D_j，**then**

04:　　返回失败；

05:　**else**

06:　　容忍时间内等待内容；

07:　　**if**　内容返回，**then**

08:　　　返回内容；

09:　　**else**

10:　　　返回失败；

11:　　**end if**

12:　**end if**

---

2. 域间路由

首先计算域之间的相似关系，然后设计域间链路上的内容浓度，最后根据内容浓度和相似关系引导兴趣蚂蚁转发到合适的区域。

假设 D_i 和 D_j 分别有 θ_i 和 θ_j 个路由器，且 CR_{io} 和 CR_{jl} 分别是 D_i 和 D_j 中的任意一个路由器，$1 \leqslant o \leqslant \theta_i$，$1 \leqslant l \leqslant \theta_j$；用 $dr_{i,j}$ 代表 D_i 和 D_j 之间的相似关系，则得到

$$\mathrm{dr}_{i,j} = \max\left\{ r_{io,jl} \mid 1 \leqslant o \leqslant \theta_i, 1 \leqslant l \leqslant \theta_j \right\} \tag{7.3}$$

其中，o 和 l 是用作中间变量的正整数。可以看出，域之间的相似关系取决于它们之间所有相邻路由器的相似关系，但却不同于两个相邻路由器的相似关系；前者是全集，后者是前者的子集。

用 $\mathrm{Tcc}'_{i,j}(t,I)$ 代表 I 次迭代后 m 只兴趣蚂蚁在 D_i 和 D_j 上留下的内容浓度，则可以根据式(6.20)得到，这里不再赘述其过程。用 $\mathrm{Fw}_i^{\lambda'}$ 代表就 D_i 而言可转发的出口接口，用 $\mathrm{fp}_{i,j}^{\lambda'}(t,I)$ 代表 ia_λ 从 D_i 到 D_j 的转发概率；通过考虑域间相似关系和域间内容浓度，模仿式(6.18)，可得到

$$\mathrm{fp}_{i,j}^{\lambda'}(t,I) = \frac{\left[\mathrm{Tcc}'_{i,j}(t,I)\right]^{\alpha} \cdot \left[\mathrm{dr}_{i,j}\right]^{\beta}}{\sum\limits_{D_{io} \in \mathrm{Fw}_i^{\lambda'}} \left[\mathrm{Tcc}'_{i,io}(t,I)\right]^{\alpha} \cdot \left[\mathrm{dr}_{i,io}\right]^{\beta}} \tag{7.4}$$

虽然式(7.4)是由式(6.18)演变的，但却有所不同：式(6.18)中路由器之间的相似关系越小越有利于兴趣蚂蚁的转发，这是因为相似度较大的路由器之间存储着大量相似甚至相同的内容；然而式(7.4)中域间的相似关系越大越有利于兴趣蚂蚁的转发，这是因为相似关系较大的域之间转发着相似或者相同的兴趣请求。可见虽然都是相似度较高，但一个是内容，另一个是转发，有着天壤之别。

假设 D_i 有 w_i' 个可转发的区域用于转发 ia_λ，则接下来是为每个转发接口确定具体数量的兴趣蚂蚁。关于这一点，我们已经在第 5 章给出了确定式的转发方案，详见式(5.14)～式(5.18)，这里不再赘述。

最后是路由的决策和描述，事实上这与兴趣蚂蚁在未进行区域划分的 ICN 拓扑上路由是相似的，只不过那里兴趣蚂蚁需要到达路由器，查询 CS、PIT 和 FIB，继而把兴趣蚂蚁转发到下一跳路由器。然而在 AIRDP 的域间路由中，兴趣蚂蚁在 IMC 之间进行转发，当到达 IMC，查询 CM 和 FM，继而把兴趣蚂蚁转发到下一个区域。换言之，AIRDP 是一个缩放版的 AIRDD 形式。鉴于此，本章不再给出具体的域间路由决策过程。

7.4 仿真与性能评价

本节对提出的 AIRDP 进行仿真，从平均路由成功率、平均路由跳数、平均路由时延、平均吞吐量和稳定性等五个具有代表性的方面进行性能评价，其中路由跳数指的是兴趣转发的区域数量。

7.4.1　实验方法

对比方案来自于文献[67]的经典 ICN 路由机制 VICNF 和文献[72]的 INFORM（兴趣转发机制）；仿真拓扑来自于图 5.8 的 Deltacom 和图 5.9 的 GTS，区别是本节不设置固定的兴趣请求者和内容提供者，采用随机分布且随机采样的方式；发送六组不同个数的兴趣请求，即 600、800、1000、1200、1400 和 1600；涉及的仿真参数设置如下：$\alpha=\beta=1$，$I_{\max}=10$，$\lambda_0=0.45$，$m=6$；实验环境和数据来源同 6.5.1 节。

7.4.2　平均路由成功率测试

图 7.6 展示了 AIRDP、VICNF 和 INFORM 在两个拓扑上的平均路由成功率。

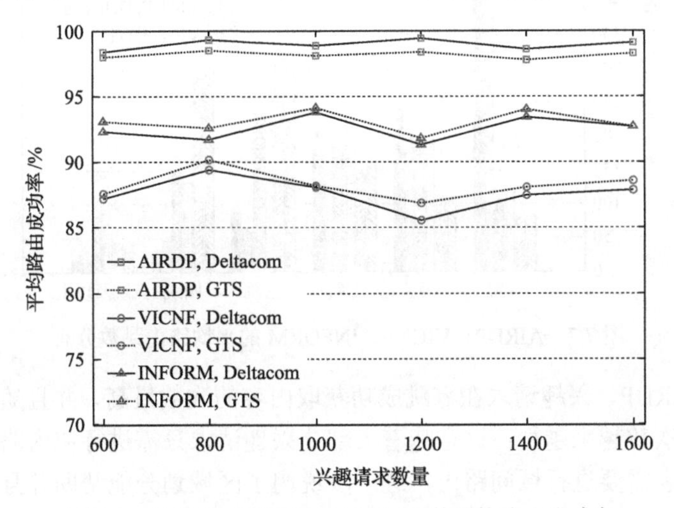

图 7.6　AIRDP、VICNF、INFORM 的平均路由成功率

在同一个拓扑中，AIRDP 有最高的平均路由成功率，然后是 INFORM 和 VICNF，原因分析如下：AIRDP 采用一个 IMC 集中存储一个区域的所有信息，结果内容的替换频率相对较低，显然内容的命中概率相对较高。虽然 INFORM 没有引入集中管理的思想，但是它应用 Q 路由的方式发现内容副本，继而为后续的兴趣请求做准备。对于 VICNF，它是最基本的路由策略，CS 面临着频繁的内容替换，在没有辅助策略的情况下，一些兴趣请求很难找到合适的内容副本。

在不同的拓扑中，AIRDP 在 Deltacom 上有较高的平均路由成功率。事实上，Deltacom 链路的密集程度较低而 GTS 链路的密集程度较高，导致 GTS 中的区域更容易转发兴趣蚂蚁；这样一来，GTS 中 IMC 存储内容的增长速度也随之变大，相应的内容替换频率也随之增高，故有较低的路由成功率。然而，INFORM 在 Deltacom 上有较低的路由成功率，因为 GTS 中有更多的内容副本用于相应兴趣请求。同样 VICNF 在 Deltacom 上也有较低的路由成功率，因为 GTS 有更多的数据链路，能够更好地支持多路径传输。

7.4.3 平均路由跳数测试

图 7.7 展示了在 1000 个兴趣请求下 AIRDP、VICNF 和 INFORM 在两个拓扑上的平均路由跳数分布，其中零跳意味着兴趣请求在本区域内就能获得内容，五跳及以上意味着兴趣请求不能在四跳以内获取内容。

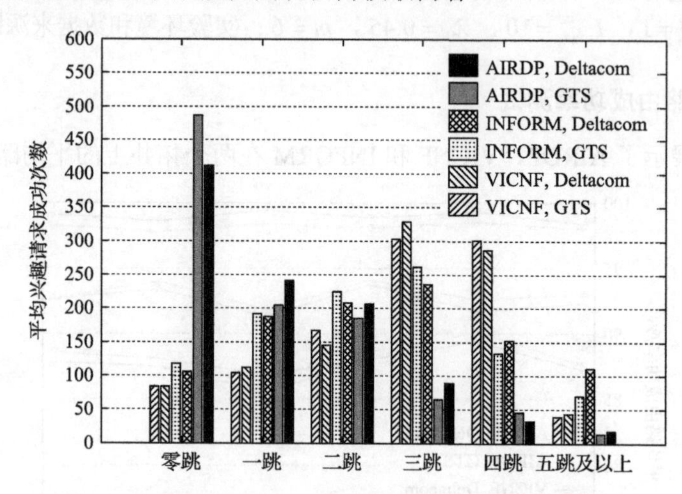

图 7.7 AIRDP、VICNF、INFORM 的平均路由跳数分布

对于 AIRDP，兴趣请求在零跳成功获取内容的次数最高，并且随着跳数的增加，成功的次数越来越少；这意味着大部分兴趣请求只需进行域内路由，只有少量的兴趣请求需要进行域间路由，进一步说明了区域划分能帮助并且加快内容的获取。此外就零跳兴趣请求成功的次数而言，AIRDP 在 GTS 上明显高于 Deltacom，因为 GTS 中的区域有更多的数据链路，能更好地展现路由器之间的相似关系。

对于 INFORM 而言，大部分兴趣请求成功获取内容集中在二跳和三跳；然而对于 VICNF 却是集中在三跳和四跳。总体来说，兴趣请求在零跳成功获取内容次数最高的是 AIRDP，接着是 INFORM 和 VICNF；然而对于三跳成功次数最高的是 VICNF，接着是 INFORM 和 AIRDP。这说明区域划分使 AIRDP 有最好的性能。

图 7.8 展示了 AIRDP、VICNF 和 INFORM 在两个拓扑上的平均路由跳数。

在同一个拓扑中，AIRDP 有最小的路由跳数，然后是 INFORM 和 VICNF，这是因为 AIRDP 在零跳、一跳都有最高的兴趣请求成功次数，与此同时在其他跳数都有最低的兴趣请求成功次数，即占据了两个极端的优势；然而对于 VICNF 而言，恰好得到相反的结果，故其有最大的路由跳数。在不同的拓扑中，AIRDP 在 Deltacom 上有较大的路由跳数，因为 Deltacom 的数据链路比较稀疏，划分后的区域拥有较少的路由器，所以域间路由时兴趣蚂蚁往往需要转发到更多的区域。此

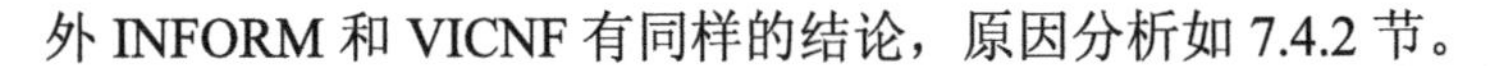

外 INFORM 和 VICNF 有同样的结论，原因分析如 7.4.2 节。

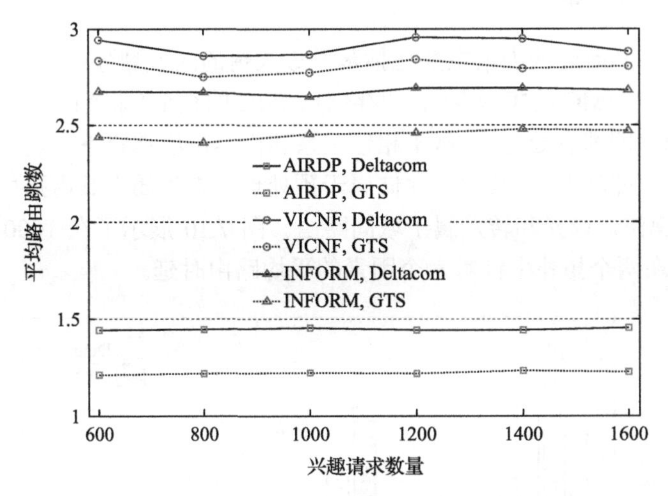

图 7.8　AIRDP、VICNF、INFORM 的平均路由跳数

7.4.4　平均路由时延测试

1. 迭代次数分析

由于 INFORM 和 VICNF 不涉及群体智能，故仅展示 AIRDP 在两个拓扑上的平均迭代次数，如图 7.9 所示。可以看出 AIRDP 在 GTS 上具有较少的迭代次数，这是因为 GTS 的数据链路比较密集，故划分的区域较少，这相当于兴趣蚂蚁在一个相对较小的网络上路由。

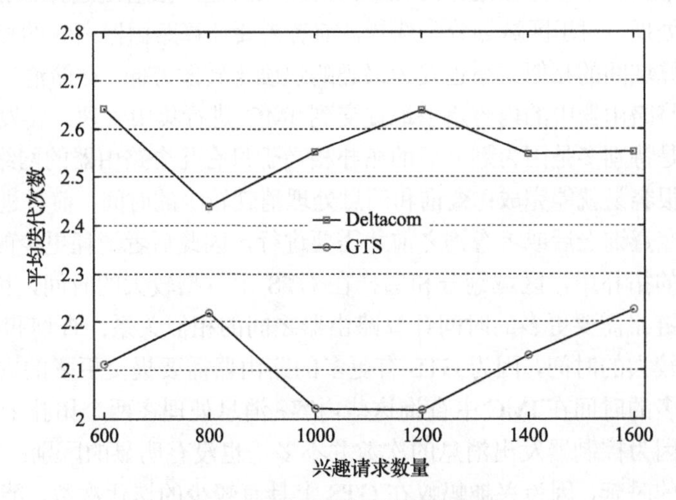

图 7.9　AIRDP 的平均迭代次数

2. 多时延因素分析

造成 AIRDP 时延的因素主要包括基于最大树的区域划分(即区域划分)、信息从路由器提交到 IMC 的集中存储(即存储)、IMC 的查询(即查询)、处理控制器发出的各种消息(即消息处理)、基于相似关系和内容浓度选择下一跳(即选择)以及兴趣蚂蚁转发(即转发)。其中，存储属于预处理，查询属于域内路由，消息处理属于控制器操作，选择和转发属于域间路由。图 7.10 展示了在 1000 个兴趣请求下，AIRDP 在两个拓扑上针对六个因素的平均路由时延。

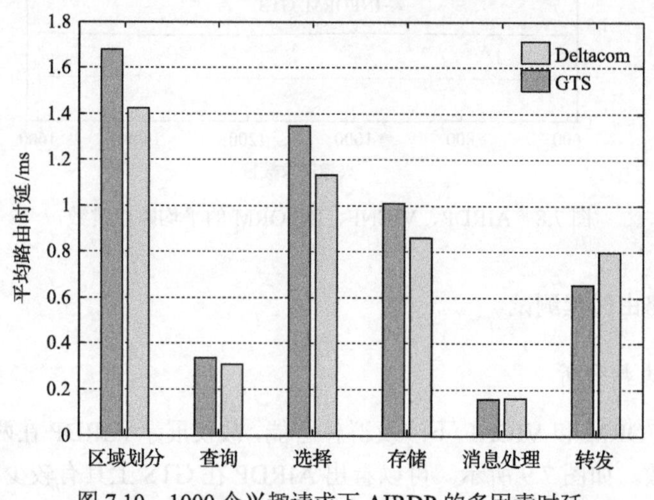

图 7.10　1000 个兴趣请求下 AIRDP 的多因素时延

在同一个拓扑中，区域划分消耗最大的路由时延，接着是选择、存储、转发、查询和消息处理。对于区域划分和选择，前者需要计算路由器之间的相似关系，后者不仅要计算域间的相似关系也要为兴趣蚂蚁确定转发方向；存储消耗大量的时间是因为需要将路由器中的内容逐条地提交到 IMC 进行集中管理；转发兴趣蚂蚁消耗的时间不是特别多是因为划分后的拓扑相当于只有几个路由器的网络，所以兴趣蚂蚁的转发很容易就能完成；查询和消息处理消耗较少的时间，前者进行较为频繁而后者仅仅在查询之后或者查询之前才需要进行，因此后者消耗更少的时间。

在不同的拓扑中，区域划分和选择在 GTS 上占据较大的时间，因为 GTS 有更多的数据链路需要更多的时间计算路由器之间的相似关系；查询和存储在 GTS 上仍然占据较大的时间，因为 GTS 有更多的路由器需要提交更多的内容，与此同时也需要更多的时间在 IMC 中查询这些内容；消息处理在两个拓扑上消耗的时间相差不大，因为控制器发出消息的次数并不多，也没有明显的区别；转发在 GTS 上占据较少的时延，因为兴趣蚂蚁在 GTS 上具有较少的迭代次数，能够更快地找到内容。

3. 对比时延分析

图 7.11 展示了 AIRDP、VICNF 和 INFORM 在两个拓扑上的平均路由时延。

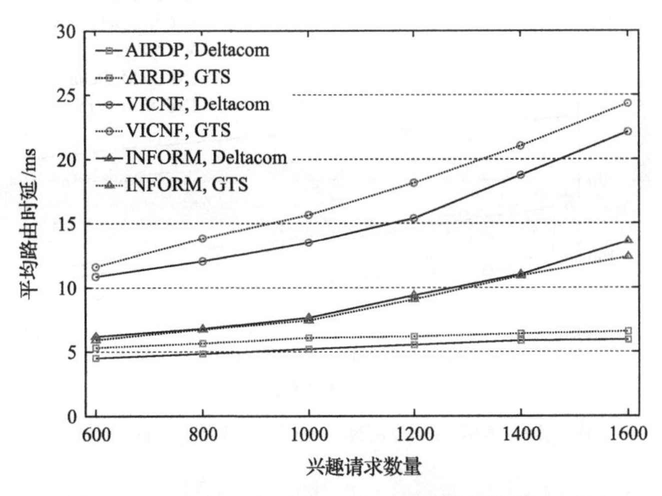

图 7.11　AIRDP、VICNF、INFORM 的平均路由时延

在同一个拓扑中，AIRDP 消耗最少的平均时间完成兴趣请求，然后是 INFORM 和 VICNF。一方面，AIRDP 有最小的路由跳数，因此有最小的时延，相似的，VICNF 有最大的路由跳数，因此有最大的时延；另一方面，AIRDP 查询 IMC 要比 INFORM 和 VICNF 查询 CS、PIT 和 FIB 节省更多的时间，同时降低了表与表之间的切换时延。INFORM 采用探测的策略提前发现内容副本为后续的兴趣请求做铺垫，而 VICNF 不曾采用任何辅助性策略，因此有较小的路由时延。在不同的拓扑中，AIRDP 和 VICNF 在 GTS 上有较大的路由时延，原因如本节第 2 部分所述；INFORM 在 GTS 上有较小的路由时延，因为 GTS 能提供更多的内容副本，加快路由过程。

7.4.5　平均吞吐量测试

图 7.12 展示了 AIRDP、VICNF 和 INFORM 在两个拓扑上的平均吞吐量。

在同一个拓扑中，AIRDP 有最大的平均吞吐量，然后是 INFORM 和 VICNF。AIRDP 采用 IMC 对区域内的信息进行集中管理，增加了单位时间内传输兴趣请求的个数，因此它有比 INFORM 和 VICNF 大的平均吞吐量。INFORM 能够利用探测方案提前发现多个内容副本加快后续兴趣请求的转发，使更多的兴趣请求有机会被发送到网络中，因此它有比 VICNF 大的平均吞吐量。此外，三种方案随着兴趣请求个数的增加，平均吞吐量有所降低，这是因为网络出现了拥塞现象。在不同的拓扑中，AIRDP 和 VICNF 在 GTS 上有较小的平均吞吐量，而 INFORM 恰恰相反，原因见 7.4.4 节。

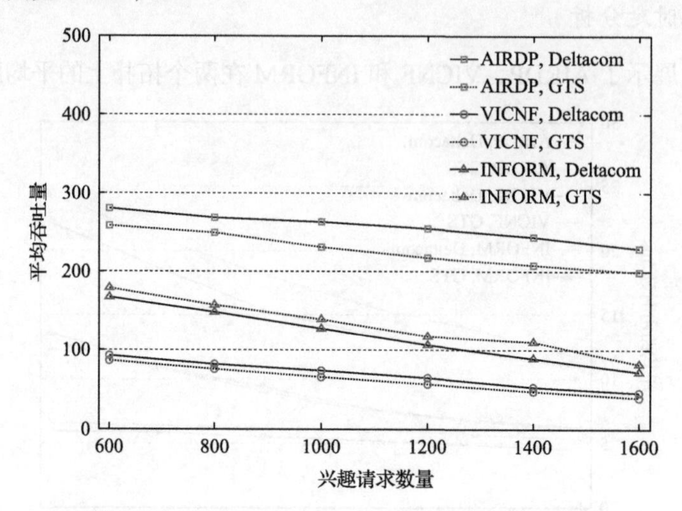

图 7.12　AIRDP、VICNF、INFORM 的平均吞吐量

7.4.6　稳定性分析

稳定性能够很好地反映路由方案的有效性，它一般被量化成波动系数[181]，即不同的方案对不同的指标展开的标准差计算。波动系数越小意味着路由方案具有越好的性能。

图 7.13 展示了 AIRDP、VICNF 和 INFORM 在两个拓扑上的稳定性状况。可以看出在同一个拓扑中就路由成功率、路由跳数、时延和吞吐量而言，AIRDP

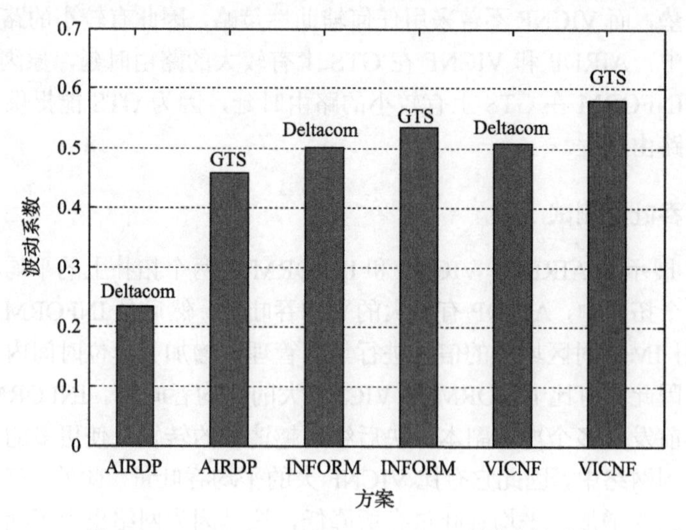

图 7.13　AIRDP、VICNF、INFORM 的稳定性分析

有最小的波动系数，接着是INFORM和VICNF，即AIRDP有最强的稳定性，原因如下：AIRDP采用基于相似关系的最大树法划分区域，为后续具有强相似关系的兴趣请求提供了方便；此外，AIRDP采用IMC对区域内的信息进行集中管理，支持兴趣请求的高效查找；再者，AIRDP把控制平面与数据平面进行分离，使转发平面不遭受严重的负载；最后，在域间路由过程中，采用基于蚁群的随机转发，使兴趣请求不至于陷入盲目的最强相似关系中，也使整个网络的负载均衡平稳。

7.5　本章小结

ICN路由的可扩展性一直面临着巨大的挑战，为此本章在蚁群路由机制的基础之上引入了区域划分的技术方案，并借助控制平面与数据平面分离的思想设计了一个集控制器、IMC和区域等三个新角色在内的新型ICN体系结构。其中包括三个主要的方面：①把路由器之间的相似性看成聚类参考属性，以此基于最大树法对ICN拓扑进行区域划分；②为了减少路由器的负载且使内容能够得到有效的管理，将区域内的所有信息交由IMC进行集中管理，其中包括与转发相关的信息和与内容相关的信息；③设计包括域内路由和域间路由在内的路由机制，其中域内路由只需协调控制器控制IMC为兴趣请求者提供内容，域间路由产生兴趣蚂蚁进行随机转发。此外，与两个经典的ICN路由机制进行对比，结果表明提出的AIRDP在路由成功率、路由跳数、路由延迟、吞吐量以及稳定性等方面具有较好的性能。

第8章　总结与展望

鉴于互联网的结构非常复杂、很难满足移动用户的使用模式以及无法支持对内容分发的迫切需求等，业界先后开展了渐进式和革命式的方案对互联网进行改进。其中，渐进式是以打补丁为主在互联网上做细枝末叶的修改，然而随着网络需求的增加，构建的技术补丁越来越多，这将增加网络管理的复杂性和协议的多样性，最终网络的可扩展性也会受到限制。因此改变以主机为中心通信模式的革命式方案备受学术界和业界的青睐，其中以ICN为代表的结构范式已经被广泛认可。ICN提供网络基础设施服务，旨在更有效地分布和获取内容，这个过程必然需要依靠路由技术。然而，ICN路由正面临着诸多挑战，如FIB的急剧扩张影响路由的可扩展性；用户、ISP以及网络自身等多种因素影响最近内容副本的获取；内容的集中分布不利于数据的传输而内容的均匀分布又难以确保内容的完整性；无法支持内容提供者移动以及无法在大规模网络上部署等。因此，对ICN路由机制的研究仍具有非常重要的价值和意义。

8.1　总　　结

本书通过模拟蚂蚁的觅食行为，设计了基于蚁群的ICN路由机制，主要的研究内容和研究成果总结如下：

(1)考虑蚂蚁群体系统的主要模块和ICN的网络特征，从关注点、命名方式、驱动方式、移动性支持以及多源副本等五个方面说明了蚁群能够用来解决 ICN路由问题，并提出了基于蚁群的ICN路由机制。为了实现内容快速有效地查找，采用字典树的方法存储CS中的内容，并证明了该方法的高效性。设计了一个基于酒精挥发模型的连续内容浓度更新模型，使兴趣蚂蚁在网络中的行为更加接近自然界中真实蚂蚁的觅食过程，并将该动态变化的内容浓度以矩阵的形式存储到PIT。考虑内容浓度和物理链路距离两个因素，为FIB设计了不确定的随机转发规则，其中兼顾了蚂蚁的多样性特征和正反馈特征。更重要的是，设计了考虑CS、PIT和FIB在内的完整路由机制，其中为了加快路由的收敛速度，考察了蚂蚁的聚集情况。证明路由机制可行性以及有效性之后，通过实验验证了该机制能够获取最合适的内容副本，并且较其他方案具有较好的性能。

(2)ICN仅仅支持兴趣请求者移动，却不能自然地支持内容提供者移动，为此模拟蚁群在自然界中不论食物如何移动它们都能通过相互协作、自组织的方式找到最近的食物源这一现象，提出了基于蚁群和支持移动性的 ICN 路由机制。继续基于酒精挥发模型，设计了改进的且连续的内容浓度更新模型，从基于距离的积分转变为基于时间的积分，缩小物理拓扑中距离的概念，以此呈现了较为简单的通项公式，进一步节约了大量的计算时间。在保证蚂蚁多样性特征与正反馈特征平衡的情况下，设计了轮盘赌模型为一组兴趣蚂蚁选择确定的转发接口，以此确保系统的稳定性。此外，将 ICN 中的内容移动现象总结为四类经典的移动场景，并针对它们设计了统一的路由机制。在小规模网络上做了案例分析，验证了机制的可行性，并在中等规模网络以及大规模网络上验证了机制的高效性，即不论内容如何移动，兴趣请求者都能获取最合适的内容副本。

(3) ICN 更加关注用户的兴趣而非不可解析的内容，而用户的兴趣往往通过路由器中的内容表现出来，因此为了更有效地引导兴趣蚂蚁的转发，提出了基于蚁群和相似关系的 ICN 路由机制。根据内容名前缀对内容类型进行量化，采用绝对值减法计算路由器之间的相似关系。通过模拟蚁群求解 TSP，把内容浓度和相似关系看成两个重要的启发因子引导兴趣蚂蚁的转发。为了节省时间开销，又采用点乘法计算相似关系，且设计了考虑负载在内的离散内容浓度更新模型，并处理了兴趣转发成功的场景和兴趣转发失败的场景。为了改善整体的路由性能，设计了数据蚂蚁路由机制，其中采用基于 DSC 的聚类方法选择核心路由器去缓存内容；此外，为了提高传输效率、降低网络的负载以及提高网络的吞吐量，将大的内容划分成若干个小的内容块进行分布式传输。在实际的网络拓扑中进行了横向和纵向对比，结果表明提出的路由机制具有明显的优势。

(4) 用户使用模式的不断变化使接入网络的内容量呈爆炸式增加趋势，在引起巨大兴趣转发的同时使 FIB 遭受严重的冲击，这无疑对 ICN 路由的可扩展性提出新的挑战，甚至阻碍了 ICN 在大规模网络上的部署和实施。为此，提出了基于蚁群和区域划分的 ICN 路由机制。采用控制平面与数据平面分离的思想建立一个集控制器、IMC 和区域三位一体的新型 ICN 体系结构。采用点乘法分析任意两个路由器之间的相似关系，并以此作为链路权重值和聚类参考属性，进而提出了基于最大树的方法划分 ICN 拓扑，这样就得到了多个互不交错的物理区域。为了防止域内信息出现杂乱无章的现象和使路由器从频繁的访问中解脱出来，设计了 IMC 用于搜集区域的全部信息，从而提高了网络性能。设计了域内和域间路由机制，前者不需要兴趣转发，只需在域内协调控制器、IMC 和兴趣所在的区域即可完成；后者需要产生一组兴趣蚂蚁，然后根据内容浓度和域间相似关系引导兴趣蚂蚁的转发。在两个实际的网络拓扑中进行了性能评价，结果表明提出的路由机制能够很好地解决可扩展性问题。

本书提出的几个路由机制之间存在一定的内在联系，其中第 4、5 和 7 章分别提出了 ACOIR、AIRM 和 AIRDP，而第 6 章提出了 AIRCS 和 AIRDD。ACOIR 和 AIRM 采用了酒精挥发模型，AIRM 和 AIRCS 采用了连续的内容浓度更新模型，AIRCS 和 AIRDD 都引入了相似关系，AIRDD 和 AIRDP 采用点乘法计算路由器之间的相似关系。

本书提出的这些路由机制能切实地解决 FIB 急剧增长所影响的可扩展性问题，并且能够以较快的传输速度获取最近的内容副本。特别对移动性的支持，将为无线移动网络提供更多的技术可能性以及对 5G 的进一步发展创造更多的优势。除此之外，仿生特性的应用为 ICN 的大规模部署甚至未来取代传统 IP 网络提供了理论支撑。话虽如此，若想实现完美的结合并且构建新型有效的 ICN 结构，必然需要对仿生 ICN 技术和理论进一步研究和创新，这不仅是对当前 IP 网络的有力冲击，也是对现有技术发起的巨大挑战。

8.2 展 望

虽然基于蚁群的方案能够应对当前 ICN 路由面临的严峻挑战，但仍有诸多需要改进之处，下面从四个方面展望下一步研究工作。

(1) 连续的内容浓度更新模型能更加真实地模拟蚂蚁在自然界中的觅食行为，然而却消耗大量的计算时间，在实时性较强的网络环境下是不可取的；离散的内容浓度更新模型能够具有相对较低的时间开销，然而在其建模的过程中往往忽略了实际蚂蚁的行为，这将在一定程度上降低内容获取的成功率。因此，对连续内容浓度更新模型的设计仍然迫在眉睫，可以考虑其他更为合适的数学模型，而不局限于酒精挥发模型，一方面使建模的过程更加合理，另一方面使收敛速度更快、性能更稳定。

(2) 兴趣蚂蚁寻路是非确定的随机转发而非依靠确定式的经验路径，这需要经过不断的迭代方能完成。然而每一次迭代中发出兴趣蚂蚁的数量相同，一定程度上造成冗余的兴趣转发，因此，可以利用大数据的相关知识预测当前网络的实时状态，然后在当前迭代中发出合理数目的兴趣蚂蚁，以减轻网络的拥塞，促进兴趣蚂蚁的转发。进一步地，从理论层面上分析兴趣蚂蚁数量、网络规模和迭代次数之间的关系。首先通过检查链路个数、节点个数及密集程度等来判断网络规模，然后生成比较合适的兴趣蚂蚁个数，以便高效传输。

(3) 本书相似关系的确定依靠的是局部静态的数据采集，虽然用户的兴趣请求满足空间局部性和时间局部性，但不排除用户兴趣的动态变化会影响路由器之间的相似关系，进而影响区域划分的结果，导致域内路由成功率降低。因此，需要进一步加强对路由器中数据的实时采集，以反馈出实时的相似关系。此外，网络拓扑可能会遭到破坏，或链路失效或路由器故障，这将导致基于物理层面上路由器之间相似关系的区域划分不够精确，因此非常有必要考虑逻辑划分的方法，即把网络中具有相似内容存储的路由器在逻辑上划分出来。

(4)对本书提出的四个路由机制进一步完善，设计相应的路由协议。首先在仿真平台 ndnSIM 中给予验证，然后在实际的网络环境中进行搭建部署，最后应用于大规模网络。

参考文献

[1] Steele J. How do we get there? [C]. Proceedings of Bionics Symposium, New York, 1960: 487-490.

[2] Tero A, Kobayashi R, Nakagaki T. A mathematical model for adaptive transport network in path finding by true slime mold [J]. Journal of Theoretical Biology, 2007, 244(4): 553-564.

[3] Yang D D, Jiao L C, Gong M G. Clone selection algorithm to solve preference multi-objective optimization [J]. Journal of Software, 2010, 21(1): 14-33.

[4] Cuevas E, Cienfuegos M, Zaldívar D, et al. A swarm optimization algorithm inspired in the behavior of the social-spider [J]. Expert Systems with Applications, 2013, 40(16): 6374-6384.

[5] Stadler P F, Schuster P, Perelson A S. Immune networks modeled by replicator equations [J]. Journal of Mathematical Biology, 1994, 33: 111-137.

[6] Nagpal R. A Catalog of Biologically-Inspired Primitives for Engineering Self-Organization [M]. Berlin: Springer, 2004.

[7] Tilahun S L, Ong H C. Modified firefly algorithm [J]. Journal of Applied Mathematics, 2012, 2012(17): 2428-2439.

[8] Pan W T. A new fruit fly optimization algorithm: Taking the financial distress model as an example [J]. Knowledge-Based Systems, 2012, 26: 69-74.

[9] Shi Y, Eberhart R. Parameter selection in particle swarm optimization [C]. Proceedings of Annual Conference on Evolutionary Programming, San Diego, 1998: 591-601.

[10] Chu S C, Tsai P W, Pan J. Cat Swarm Optimization [M]. Berlin: Springer, 2006.

[11] Dorigo M. Optimization, learning and natural algorithms (in Italian) [D]. Milan: Politecnico di Milano, 1992.

[12] Xylomenos G, Ververidis C N, Siris V A, et al. A survey of information-centric networking research [J]. IEEE Communications Surveys and Tutorials, 2014, 16(2): 1024-1049.

[13] Ahmed S H, Bouk S H, Kim D, et al. Content-Centric Networks, An Overview, Applications and Research Challenges [M]. Berlin: Springer, 2016.

[14] Pan J L, Paul S, Jain R. A survey of the research on future internet architectures [J]. IEEE Communications Magazine, 2011, 49(7): 26-36.

[15] Carzaniga A, Wolf L. Content-based networking: A new communication infrastructure [C]. Proceedings of NSF Workshop on an Infrastructure for Mobile and Wireless Systems, Scottsdale, 2001.

[16] Carzaniga A, Rutherford M, Wolf A. A routing scheme for content-based networking [C]. Proceedings of IEEE Computer and Communications, Hong Kong, 2004: 918-928.

[17] Koponen T, Chawla M, Chun B, et al. A data-oriented (and beyond) network architecture [J]. Proceedings of ACM Special Interest Group on Data Communication, 2007, 37(4): 181-192.

[18] Dannewitz C, Golic J, Ohlman B, et al. Secure naming for a network of information [C]. Proceedings of IEEE Computer and Communications, San Diego, 2010: 1-6.

[19] Zhang L X, Afanasyev A, Burke J, et al. Named data networking [J]. ACM SIGCOMM Computer Communication Review, 2014, 44(3): 66-73.

[20] Kurose J. Content-centric networking: Technical perspective [J]. Communications of the ACM, 2011, 55(1): 116.

[21] Carzaniga A, Papalini M, Wolf A L. Content-based publish/subscribe networking and information-centric networking [C]. Proceedings of the ACM SIGCOMM Workshop on Information-Centric Networking, Toronto, 2011: 56-61.

[22] Braun T, Hilt V, Hofmann M, et al. Service-centric networking [C]. Proceedings of IEEE International Conference on Communications, New York, 2011: 1-6.

[23] Tanenbaum A S, Wetherall D J. Computer Networks [M]. 5th ed. Beijing: Tsinghua University Press, 2012.

[24] Casado M, Koponen T, Shenker S, et al. Fabric: A retrospective on evolving SDN [C]. Proceedings of ACM Special Interest Group on Data Communication, Helsinki, 2012: 85-90.

[25] Bari M F, Chowdhury S R, Ahmed R, et al. A survey of naming and routing in information-centric networks [J]. IEEE Communications Magazine, 2012, 50(12): 44-53.

[26] Ahlgren B, Dannewitz C, Imbrenda C, et al. A survey of information-centric networking [J]. IEEE Communications Magazine, 2012, 50(7): 26-36.

[27] CISCO. Cisco Visual Networking Index: Global Mobile Data Traffic Forecast Update 2015—2020[R]. San Jose: CISCO, 2016.

[28] CISCO [EB/OL]. http://www.cisco.com/c/en/us/solutions/index.html. [2020-07-17].

[29] NSF future internet architecture project [EB/OL]. http://www.nets-fia.net. [2020-07-17].

[30] Future internet research and experimentation [EB/OL]. https://www.ict-fire.eu. [2020-07-17].

[31] Gavras A, Karila A, Fdida S, et al. Future internet research and experimentation: The FIRE initiative [J]. ACM SIGCOMM Computer Communication Review, 2007, 37(3): 89-92.

[32] de Turck F, Kiriha Y, Hong J W K. Management of the future internet: Status and challenges [J]. Journal of Network and Systems Management, 2012, 20(4): 616-624.

[33] Raychaudhuri D, Trapped W, Gruteser M, et al. MobilityFirst [EB/OL]. http://mobilityfirst.winlab.rutgers.edu. [2020-07-17].

[34] Raychaudhuri D, Trapped W, Gruteser M, et al. NEBULA [EB/OL]. http://mobilityfirst.winlab.rutgers.edu. [2020-07-17].

[35] The FP7 4WARD [EB/OL]. http://www.4ward-project.eu. [2020-07-17].

[36] AKARI [EB/OL]. http://akari-project.nict.go.jp/eng/index2.htm. [2020-07-17].

[37] JGN2plus [EB/OL]. http://www.jgn.nict.go.jp/english/index.html. [2020-07-17].

[38] NDN-NP [EB/OL]. https://www.nsf.gov. [2020-07-17].

[39] Claffy K, Polterock J, Afanasyev A, et al. The first named data networking community meeting [J]. ACM SIGCOMM Computer Communication Review, 2015, 45(2): 32-37.

[40] Afanasyev A, Yu Y, Zhang L, et al. The second named data networking community meeting [J]. ACM SIGCOMM Computer Communication Review, 2016, 46(1): 58-63.

[41] ACM-ICN 2016 [EB/OL]. http://conferences2.sigcomm.org/acm-icn/2016. [2020-07-17].

[42] Gritter M, Cheriton D R. An architecture for content routing support in the internet [C]. Proceedings of USENIX Symposium on Internet Technologies and Systems, San Francisco, 2001: 4.

[43] Jacobson V, Smetters D K, Thornton J D, et al. Networking named content [C]. Proceedings of ACM Conference on Emerging Networking Experiments and Technologies, Rome, 2009: 1-12.

[44] PSIRP [EB/OL]. http://www.psirp.org. [2020-07-17].

[45] Dominguez A M, Novo O, Wong W, et al. Publish/subscribe communication mechanisms over PSIRP [C]. International Conference on Next Generation Web Services Practices, Salamanca, 2011: 268-273.

[46] POINT H2020 [EB/OL]. https://www.point-h2020.eu. [2020-07-17].

[47] Hoque A K M M, Amin S O, Alyyan A, et al. NLSR: Named-data link state routing protocol [C]. Proceedings of ACM Special Interest Group on Data Communication, Hong Kong, 2013: 15-20.

[48] Wang L, Hoque A K M M, Yi C, et al. OSPFN: An OSPF based routing protocol for named data networking [EB/OL]. https://named-data. net/publications/techreports/trospfn. [2020-07-17].

[49] Katsaros K V, Vasilakos X, Okwii T, et al. On the inter-domain scalability of route-by-name information-centric network architectures [C]. Proceedings of IFIP Networking, Toulouse, 2015: 1-9.

[50] Ghodsi A, Koponen T, Rajahalme J, et al. Naming in content-oriented architectures [C]. Proceedings of ACM Special Interest Group on Data Communication, Toronto, 2011: 1-6.

[51] AbdAllah E G, Hassanein H S, Zulkernine M. A survey of security attacks in information-centric networking [J]. IEEE Communications Surveys and Tutorials, 2015, 17(3): 1441-1454.

[52] Wang Y, Dai H C, Jiang J C, et al. Parallel name lookup for named data networking [C]. Proceedings of IEEE Global Communications Conference, Houston, 2011: 1-5.

[53] Lee J, Shim M, Lim H. Name prefix matching using bloom filter pre-searching for content centric network [J]. Journal of Network and Computer Applications, 2016, 65: 36-47.

[54] Lv J, Wang X W, Huang M, et al. RISC: ICN routing mechanism incorporating SDN and community division [J]. Computer Networks, 2017, 123: 88-103.

[55] Truong G P, Peltier J F. Enabling a metric space for content search in information-centric networks [C]. Proceedings of International Conference on P2P, Parallel, Grid, Cloud and Internet Computing, Compiegne, 2013: 186-192.

[56] Dannewitz C, D'Ambrosio M, Vercellone V. Hierarchical DHT-based name resolution for information-centric networks [J]. Computer Communications, 2013, 36: 736-749.

[57] Zhang M, Luo H B, Zhang H K. A survey of caching mechanisms in information-centric networking [J]. IEEE Communications Surveys and Tutorials, 2015, 17(3): 1473-1499.

[58] Abdullahi I, Arif S, Hassan S. Survey on caching approaches in information centric networking [J]. Journal of Network and Computer Applications, 2015, 56: 48-59.

[59] Thomas Y, Xylomenos G, Tsilopoulos C, et al. Object-oriented packet caching for ICN [C]. Proceedings of ACM International Conference on Information-Centric Networking, San Francisco, 2015: 89-97.

[60] Wang L, Bayhan S, Kangasharju J. Optimal chunking and partial caching in information-centric networks [J]. Computer Communications, 2015, 61: 48-57.

[61] Ioannou A, Weber S. A survey of caching policies and forwarding mechanisms in information-centric networking [J]. IEEE Communications Surveys and Tutorials, 2016, 18(4): 2847-2886.

[62] Zhang G Q, Li Y, Lin T. Caching in information centric networking: A survey [J]. Computer Networks, 2013, 57: 3128-3141.

[63] Muscariello L, Carofiglio G, Gallo M. Bandwidth and storage sharing performance in information centric networking [C]. Proceedings of ACM Special Interest Group on Data Communication, Toronto, 2011: 26-31.

[64] Jeon H, Lee B, Song H. On-path caching in information-centric networking [C]. Proceedings of International Conference on Advanced Communication Technology, PyeongChang, 2013: 264-267.

[65] Bayhan S, Wang L, Ott J, et al. On content indexing for off-path caching in information-centric networks [C]. Proceedings of ACM International Conference on Information-Centric Networking, Kyoto, 2016: 102-111.

[66] Dräxler M, Karl H. Efficiency of on-path and off-path caching strategies in information centric networks [C]. Proceedings of IEEE International Conference on Green Computing and Communications, Besancon, 2012: 581-587.

[67] Yi C, Afanasyev A, Wang L, et al. Adaptive forwarding in named data networking [J]. ACM SIGCOMM Computer Communication Review, 2012, 42(3): 62-67.

[68] DiBenedetto S, Papadopoulos C, Massey D. Routing policies in named data networking [C]. Proceedings of the ACM SIGCOMM Workshop on Information-Centric Networking, Toronto, 2011: 38-43.

[69] Dai H C, Liu B, Chen Y, et al. On pending interest table in named data networking [C]. Proceedings of ACM/IEEE Symposium on Architectures for Networking and Communications Systems, Austin, 2012: 211-222.

[70] Ding S, Chen Z, Liu Z. Parallelizing FIB lookup in content centric networking [C]. Proceedings of International Conference on Networking and Distributed Computing, Hangzhou, 2012: 6-10.

[71] Ekambaram V, Sivalingam K M. Interest flooding reduction in content centric networks [C]. Proceedings of IEEE International Conference on High Performance Switching and Routing, Taipei, 2013: 205-210.

[72] Chiocchetti R, Perino D, Carofiglio G, et al. INFORM: A dynamic interest forwarding mechanism for information centric networking [C]. Proceedings of the 3rd ACM SIGCOMM workshop on Information-centric networking, Hong Kong, 2013: 9-14.

[73] Kim D, Lee S, Ko Y, et al. Cache capacity-aware content centric networking under flash crowds [J]. Journal of Network and Computer Applications, 2015, 50: 101-113.

[74] Hu P. A system architecture for software-defined industrial internet of things [C]. IEEE International Conference on Ubiquitous Wireless Broadband, Montreal, 2015: 1-5.

[75] Vieira B, Poll E. A security protocol for information-centric networking in smart grids [C]. Proceedings of the first ACM Workshop on Smart Energy Grid Security, Berlin, 2013: 1-10.

[76] NDN testbed [EB/OL]. http://named-data.net/ndn-testbed/polocies-connecting-nodes-ndn-testbed. [2020-07-17].

[77] Wu C, Zhang Y X, Zhou Y Z, et al. A survey for the development of information-centric networking [J]. Chinese Journal of Computers, 2015, 38(3): 455-471.

[78] CCNx [EB/OL]. http://www.ccnx.org. [2020-07-17].

[79] NdnSIM documentation [EB/OL]. http://ndnsim.net/2.3. [2020-07-17].

[80] Mini-NDN [EB/OL]. https://github.com/named-data/mini-ndn. [2020-07-17].

[81] Wiseman C, Turner J, Becchi M, et al. A remotely accessible network processor-based router for network experimentation [C]. Proceedings of ACM/IEEE Symposium on Architectures for Networking and Communications Systems, San Jose, 2008: 20-29.

[82] NS3 [EB/OL]. https://www.nsnam.org. [2020-07-17].

[83] Erdogmus H. Cloud computing: Does nirvana hide behind the nebula [J]. IEEE Software, 2009, 26(2): 4-6.

[84] Vasilakos X, Katsaros K, Xylomenos G. Cloud computing for global name-resolution in information-centric networks [C]. International Symposium on Network Cloud Computing and Applications, Los Alamitos, 2012: 88-94.

[85] Mijumbi R, Serrat J, Gorricho J, et al. Network function virtualization: State-of-the-art and research challenges [J]. IEEE Communications Surveys and Tutorials, 2016, 18(1): 236-262.

[86] Liang C, Yu F R, Yao H, et al. Virtual resource allocation in information-centric wireless networks with virtualization [J]. IEEE Transactions on Vehicular Technology, 2016, 65(12): 9902-9914.

[87] Dat P T, Kanno A, Yamamoto N, et al. 5G transport networks: The need for new technologies and standards [J]. IEEE Communications Magazine, 2016, 54(9): 18-26.

[88] Liang C C, Yu F R, Zhang X, et al. Information-centric network function virtualization over 5G mobile wireless networks [J]. IEEE Network, 2015, 29(3): 68-74.

[89] Ravindran R, Chakraborti A, Amin S O, et al. 5G-ICN: Delivering ICN services over 5G using network slicing [J]. IEEE Communications Magazine, 2017, 55(5):101-107.

[90] Li R, Harai H, Asaeda H. An aggregatable name-based routing for energy-efficient data sharing in big data era [J]. IEEE Access, 2015, 3: 955-966.

[91] Yin H, Jiang Y, Lin C, et al. Big data: Transforming the design philosophy of future internet [J]. IEEE Network, 2014, 28(4): 14-19.

[92] Xia W F, Zhao P, Wen Y G, et al. A survey on data center networking (DCN): Infrastructure and operations [J]. IEEE Communications Surveys and Tutorials, 2017, 19(1): 640-656.

[93] Jeon H, Lee B, Songe H, et al. An ICN in-network caching policy for butterfly network in DCN [J]. KSII Transactions on Internet and Information Systems, 2013, 7(7): 1610-1623.

[94] Ko B, Pappas V, Raghavendra R, et al. An information-centric architecture for data center networks [C]. Proceedings of the Second Edition of the ICN Workshop on Information-Centric Networking, Helsinki, 2012: 79-84.

[95] Kreutz D, Ramos F M V, Veríssimo P, et al. Software-defined networking: A comprehensive survey [J]. Proceedings of the IEEE, 2015, 103(1): 14-76.

[96] Wang X L, Chen M, Hu C, et al. SDICN: A software defined deployable framework of information centric networking [J]. China Communications, 2016, 13(3): 53-65.

[97] Hu X, Ramos F M V, Verissimo P E, et al. A survey on mobile social networks: Applications, platforms, system architectures, and future research directions [J]. IEEE Communications Surveys and Tutorials, 2015, 17(3): 1557-1581.

[98] Lu Y, Wang Z Y, Yu Y T, et al. Social network based security scheme in mobile information-centric network [C]. Proceedings of Annual Mediterranean Ad Hoc Networking Workshop, Ajaccio, 2013: 1-7.

[99] Caini C, Cruickshank H, Farrell S, et al. Delay and disruption tolerant networking (DTN): An alternative solution for future satellite networking applications [J]. Proceedings of the IEEE, 2011, 99(11): 1980-1997.

[100] Detti A, Caponi A, Blefari-Melazzi N. Exploitation of information centric networking principles in satellite networks [C]. IEEE First AESS European Conference on Satellite Telecommunications (ESTEL), Rome, 2012: 1-6.

[101] Siris V A, Ververidis C N, Polyzos G C, et al. Information-centric networking (ICN) architectures for integration of satellites into the future internet [C]. Proceedings of IEEE AESS European Conference on Satellite Telecommunications, Rome, 2012: 1-6.

[102] Yan L, Ning H, Yang L, et al. Internet of things [J]. Journal of Network and Computer Applications, 2014, 42(3): 120-134.

[103] Rayes A, Morrow M, Lake D. Internet of things implications on ICN [C]. Proceedings of International Conference on Collaboration Technologies and Systems, Denver, 2012: 27-33.

[104] Amadeo M, Campolo C, Molinaro A. Information-centric networking for connected vehicles: A survey and future perspectives [J]. IEEE Communications Magazine, 2016, 54(2): 98-104.

[105] Katsaros K V, Wei K C, Vieira B, et al. Supporting smart electric vehicle charging with information-centric networking [C]. Proceedings of International Conference on Heterogeneous Networking for Quality, Reliability, Security and Robustness, Rhodes, 2014: 174-179.

[106] Lin G, Soh S, Lazarescu X, et al. Reliable green routing using two disjoint paths [C]. Proceeding of IEEE International Conference on Communications, Sydney, 2014: 3727-3733.

[107] Claise B, Parellol J. EMAN: Energy-management activities at the IETF [J]. IEEE Internet Computing, 2013, 17(3): 80-82.

[108] GreenICN [EB/OL]. http://www.greenicn.org. [2020-07-17].

[109] Alagoz F, Gur G. Energy effiency and satellite networking: A holistic overview [J]. Proceedings of the IEEE, 2011, 99(11): 1954-1979.

[110] Li J, Liu B, Wu H. Energy-efficient in-network caching for content-centric networking [J]. IEEE Communications Letters, 2013, 17(4): 797-800.

[111] Fang C, Yu F R, Huang T, et al. Distributed energy consumption management in green content-centric networks via dual decomposition [J]. IEEE System Journal, 2017, 11(2): 625-636.

[112] Song Y L, Liu M. Energy-aware traffic routing with named data networking [J]. China Communications, 2012, 9(6): 71-81.

[113] Li C M, Liu W J, Wang L, et al. Okamura, energy-efficient quality of service aware forwarding scheme for content-centric networking [J]. Journal of Network and Computer Applications, 2015, 58: 241-254.

[114] Chen Y, Wu K, Zhang Q. From QoS to QoE: A tutorial on video quality assessment [J]. IEEE Communications Surveys and Tutorials, 2015, 17(2): 1126-1165.

[115] Khan A Z, Baqai S, Dogar F R. QoS aware path selection in content centric networks [C]. Proceedings of IEEE International Conference on Communications, Ottawa, 2012: 2645-2649.

[116] Thomas Y, Frangoudis P A, Polyzos G C. QoS-driven multipath routing for on-demand video streaming in a publish-subscribe internet [C]. Proceedings of IEEE International Conference on Multimedia and Expo Workshops (ICMEW), Turin, 2015: 1-6.

[117] Hou R, Chang Y Z, Yang L Q. Multi-constraint QoS routing based on PSO for named data networking [J]. IET Communications, 2017, 11(8): 1251-1255.

[118] Roos S, Wang L, Strufe T, et al. Enhancing compact routing in CCN with prefix embedding and topology-aware hashing [C]. Proceedings of ACM Workshop on Mobility in the Evolving Internet Architecture, Maui, 2014: 49-54.

[119] Lee J, Kim D, Jang M W, et al. Proxy-based mobility management scheme in mobile content centric networking environment [C]. Proceedings of IEEE International Conference on Consumer Electronics, Las Vegas, 2011: 595-596.

[120] Wang L, Waltari O, Kangasharju J. MobiCCN: Mobility support with greedy routing in content-centric networks [C]. Proceedings of IEEE Global Communications Conference, Atlanta, 2013: 2069-2075.

[121] Manome S, Asaka T. Routing for content oriented networks using dynamic ant colony optimization [C]. Proceedings of Asia-Pacific Network Operations and Management Symposium, Busan, 2015: 209-214.

[122] Chen P, Li D. NCAF: A reduced flooding mechanism for route discovery in ICN [C]. Proceedings of International Conference on Communications and Networking in China, Maoming, 2014: 160-165.

[123] Haque M U, Pawlikowski K, Willig A, et al. Performance analysis of blind routing algorithms over content centric networking architecture [C]. Proceedings of International Conference on Computer and Communication Engineering, Kuala Lumpur, 2012: 922-927.

[124] Tortelli M, Grieco L A, Boggia G. CCN forwarding engine based on bloom filters [C]. Proceedings of ACM International Conference on Future Internet Technologies, Seoul, 2012: 13-14.

[125] Saino L, Psaras I, Pavlou G. Hash-routing schemes for information centric networking [C]. Proceedings of the 3rd ACM SIGCOMM Workshop on Information—Centric Networking, Hong Kong, 2013: 27-32.

[126] Aamir M. Content-priority based interest forwarding in content centric networks [J]. Computer Science, 2014: 1-6.

[127] Lee S, Kim Y, Yeom I, et al. Active request management in stateful forwarding networks [J]. Journal of Network and Computer Applications, 2017, 93: 137-149.

[128] Lee S, Kim D, Ko Y, et al. Cache capacity-aware CCN: Selective caching and cache-aware routing [C]. Proceedings of IEEE Globlecom, Atlanta, 2013: 2114-2119.

[129] Eum S, Nakauchi K, Murata M, et al. Potential based routing as a secondary best-effort routing for information centric networking (ICN) [J]. Computer Networks, 2013, 57: 3154-3164.

[130] Li Q, Zhao Z Y, Xu M W, et al. A smart routing scheme for named data networks [J]. Computer Communications, 2017, 103: 83-93.

[131] Xia W, Wen Y, Foh C H, et al. A survey on software-defined networking [J]. IEEE Communications Surveys and Tutorials, 2015, 17(1): 27-51.

[132] Nguyen X, Saucez D, Turletti T. Providing CCN Functionalities over Openflow Switches [R]. Research Report, INRIA, 2013.

[133] Vahlenkamp M, Schneider F, Kutscher D, et al. Enabling ICN in IP networks using SDN [C]. Proceedings of IEEE International Conference on Network Protocols, Goettingen, 2013: 1-2.

[134] Salsano S, Blefari-Melazzi N, Detti A, et al. Information centric networking over SDN and openflow: Architectural aspects and experiments on the OFELIA testbed [J]. Computer Networks, 2013, 57(16): 3207-3221.

[135] Aubry E, Silverston T, Chrisment I. SRSC: SDN-based routing scheme for CCN [C]. Proceedings of IEEE Conference on Network Softwarization, London, 2015: 1-5.

[136] Li C, Okamura K, Liu W. Ant colony based forwarding method for content-centric networking [C]. Proceedings of International Conference on Advanced Information Networking and Applications Workshops, Los Alamitos, 2013: 306-311.

[137] Raghavan B, Koponen T, Ghodsi A, et al. Software-defined internet architecture: Decoupling architecture from infrastructure [C]. Proceedings of ACM Workshop on Hot Topics in Networks, Redmond, 2012: 43-48.

[138] Lee J C, Lim W S, Jung H Y. Scalable domain-based routing scheme for ICN [C]. Proceeding of International Conference on Information and Communication Technology Convergence, Busan, 2014: 770-774.

[139] Li J, Chen J C, Arumaithurai M, et al. VDR: A virtual domain-based routing scheme for CCN [C]. Proceedings of ACM International Conference on Information-Centric Networking, San Francisco, 2015: 187-188.

[140] Shanbhag S, Schwan N, Rimac I, et al. SoCCeR: Services over content-centric routing [C]. Proceedings of ACM Special Interest Group on Data Communication, Toronto, 2011: 62-67.

[141] Hu P, Chen J. Improved CCN routing based on the combination of genetic algorithm and ant colony optimization [C]. Proceeding of International Conference on Computer Science and Network Technology, Dalian, 2013: 846-849.

[142] Eymann J, Timm-Giel A. Multipath transmission in content centric networking using a probabilistic ant-routing mechanism [C]. Proceedings of International Conference on Mobile Networks and Management, Cork, 2013: 45-56.

[143] Qian H, Ravindran R, Wang G, et al. Probability-based adaptive forwarding strategy in named data networking [C]. Proceedings of IFIP/IEEE International Symposium on Integrated Network Management, Ghent, 2013: 1094-1101.

[144] Huang Q Y, Luo F Q. Ant-colony optimization based QoS routing in named data networking [J]. Journal of Computational Methods in Sciences and Engineering, 2016, 16(3): 1-12.

[145] Lv J H, Wang X W, Huang M. ACO-inspired ICN routing mechanism with mobility support [J]. Applied Soft Computing, 2017, 58: 427-440.

[146] Lv J H, Wang X W, Ren K X. ACO-inspired information-centric networking routing mechanism [J]. Computer Networks, 2017, 126: 200-217.

[147] Lv J H, Wang X W, Huang M. Ant colony optimization inspired ICN routing with content concentration and similarity relation [J]. IEEE Communications Letters, 2017, 21(6): 1313-1316.

[148] Dai H C, Lu J Y, Wang Y, et al. A two-layer intra-domain routing scheme for named data networking [C]. Proceedings of IEEE Global Communications Conference, Anaheim, 2012: 2815-2820.

[149] Jim K. Information-centric networking: The evolution from circuits to packets to content [J]. Computer Networks, 2014, 66: 112-120.

[150] Majeed M F, Ahmed S H, Muhammad S, et al. Multimedia streaming in information-centric networking: A survey and future perspectives [J]. Computer Networks, 2017, 125: 103-121.

[151] Udugama A, Zhang X, Kuladinithi K, et al. An on-demand multi-path interest forwarding strategy for content retrievals in CCN [C]. Proceedings of IEEE Network Operations and Management Symposium, Krakow, 2014: 1-6.

[152] Gareth T, Nishanth S, Ruben C. A survey of mobility in information-centric networks [J]. Communications of the ACM, 2013, 56(12): 90-98.

[153] Nakazato H, Zhang S, Park Y, et al. On-path resolver architecture for mobility support in information centric networking [C]. Proceedings of IEEE Global Communications Conference, San Diego, 2015: 1-6.

[154] Kim D H, Kim J H, Kim Y S, et al. Mobility support in content centric networks [C]. Proceedings of ACM Special Interest Group on Data Communication, Helsinki, 2012: 13-18.

[155] Tyson G, Sastry N, Rimac I, et al. A survey of mobility in information-centric networks: Challenges and research directions [C]. Proceedings of ACM Mobihoc Workshop on Emerging Name-oriented Mobile Networking Design, Hilton Head, 2012: 1-6.

[156] Dressler F, Akan O B. Bio-inspired networking: From theory to practice [J]. IEEE Communications Magazine, 2010, 48(11): 176-183.

[157] Duan D, Akan O B. Self-organizing networks: From bio-inspired to social-driven [J]. IEEE Intelligent Systems, 2014, 29(2): 86-90.

[158] Dressler F, Suda T, Carreras I, et al. Guest editorial bio-inspired networking [J]. IEEE Journal of Selected Areas in Communications, 2010, 28 (4) : 521-523.

[159] Dixit S, Sarma A. Guest editorial: Advances in self-organizing networks [J]. IEEE Communications Magazine, 2005, 43 (7) : 76-77.

[160] Dixit S, Sarma A. Guest editorial: Self-organization in networks today [J]. IEEE Communications Magazine, 2005, 43 (8) : 77.

[161] Guizani M, Gerla M, Sawahashi M, et al. Guest editorial: Intelligent services and applications in next-generation networks [J]. IEEE Journal of Selected Areas in Communications, 2005, 23 (2) : 197-200.

[162] Eigen M, Schuster P. The Typercycle: A Principle of Natural Self-organization [M]. Berlin: Springer, 1979.

[163] Dressler F, Akan O B. A survey on bio-inspired networking [J]. Computer Networks, 2010, 54 (6) : 881-900.

[164] Kamali S, Opatrny J. POSANT: A position based ant colony routing algorithm for mobile adhoc networks [C]. The Third International Conference on Wireless and Mobile Communications, Guadeloupe, 2007: 21.

[165] Balasubramaniam S, Botvich D, Mineraud J, et al. BiRSM: Bio-inspired resource self-management for all IP-networks [J]. IEEE Network, 2010, 24 (3) : 20-25.

[166] Dorigo M, Maniezzo V, Colorni A. Ant system: Optimization by a colony of cooperating agents [J]. IEEE Transactions on Systems Man and Cybernetics, 1996, 26 (1) : 29-41.

[167] Loukos F, Karatza H D, Mavromoustakis C X. An ant intelligence inspired routing scheme for peer-to-peer networks [J]. Simulation Modeling Practice and Theory, 2011, 19 (2) : 649-661.

[168] Mun J, Lim H. New approach for efficient IP address lookup using a bloom filter in trie-based algorithm [J]. IEEE Transactions on Computers, 2012, 50 (12) : 1558-1565.

[169] NSFNET [EB/OL]. http://www.topology-zoo.org. [2020-07-17].

[170] Deltacom [EB/OL]. http://www.topology-zoo.org. [2020-07-17].

[171] Wang J, Wakikawa R, Zhang L. DMND: Collecting data from mobiles using named data [C]. Proceedings of Vehicular Networking Conference, Jersey City, 2011: 49-56.

[172] Luo Y, Eymann J. Mobility support for content centric networking [J]. Telecommunication Systems, 2015, 59 (2) : 271-288.

[173] Oteglobe [EB/OL]. http://www.topology-zoo.org. [2020-07-17].

[174] GTS [EB/OL]. http://www.topology-zoo.org. [2020-07-17].

[175] Dabirmoghaddam A, Barijough M M, Garcia-Luna-Aceves J J. Understanding optimal caching and op-portunistic caching at the edge of information-centric networks [C]. Proceedings of ACM International Conference on Information-Centric Networking, Paris, 2014: 47-56.

[176] Chai W K, He D, Psaras I, et al. Cache less for more in information-centric networks (extended version) [J]. Computer Communications, 2013, 36(7): 758-770.

[177] Sourlas V, Psaras I, Saino L, et al. Efficient hash-routing and domain clustering techniques for information-centric networks [J]. Computer Networks, 2016, 103: 67-83.

[178] Uncu O, Gruver W A, Kotak D B, et al. Grid density-based spatial clustering of applications with noise [C]. Proceedings of IEEE Systems, Man and Cybernetics, Taipei, 2016: 2976-2981.

[179] Vörös A, Snijders A B. Cluster analysis of multiplex networks: Defining composite network measures [J]. Social Networks, 2017, 49: 93-112.

[180] Yang C X, Zhu X S, Li Q, et al. Research on the evolution of stock correlation based on maximal spanning trees [J]. Physica A: Statistical Mechanics and its Applications, 2014, 415: 1-18.

[181] Lim A J X, Khoo M B C, Teoh W L, et al. Run sum chart for monitoring multivariate coefficient of variation [J]. Computers and Industrial Engineering, 2017, 109: 84-95.

